机械类"3+4"贯通培养规划教材

数控编程基础与技能训练

主　编　滕美茹
副主编　孟宪磊　刘振全

科学出版社

北　京

内 容 简 介

本书在遵循"学中做，做中学，理实一体"的教学原则下，精心选取理论知识内容，并紧扣动手操作要求，合理设计加工操作项目。本书内容以职业能力培养为主线，合理安排理论知识和加工操作项目。

本书分三部分：一是基础理论及数控车削编程，包括数控机床概述、数控系统、数控车削编程等理论知识；二是数控铣削基本知识及编程，包括数控铣床概述、数控铣削编程、数控加工操作基础知识、数控机床夹具和数控加工冷却液等知识；三是数控机床典型零件加工。根据企业生产需求精心设计实训项目，项目设置层次性、工艺性强，内容由易到难、层层递进，同时增加了知识链接，很好地补充了数控加工的相关知识。

本书适合中等职业学校数控专业的学生使用。

图书在版编目(CIP)数据

数控编程基础与技能训练/滕美茹主编. —北京：科学出版社，2018.10
机械类"3+4"贯通培养规划教材
ISBN 978-7-03-058943-9

Ⅰ.①数… Ⅱ.①滕… Ⅲ.①数控机床-程序设计-中等专业学校-教材②数控机床-加工-中等专业学校-教材 Ⅳ.①TG659

中国版本图书馆 CIP 数据核字(2018)第 219730 号

责任编辑：邓　静　朱晓颖　高慧元 / 责任校对：郭瑞芝
责任印制：吴兆东 / 封面设计：迷底书装

斜 学 出 版 社 出版
北京东黄城根北街 16 号
邮政编码：100717
http://www.sciencep.com

北京虎彩文化传播有限公司 印刷
科学出版社发行　各地新华书店经销
*
2018 年 10 月第 一 版　开本：787×1092　1/16
2018 年 10 月第一次印刷　印张：13 1/4
字数：323 000
定价：49.00 元
(如有印装质量问题，我社负责调换)

机械类"3+4"贯通培养规划教材

编 委 会

前　言

随着数控技术的飞速发展和数控设备应用的日益广泛,既懂数控机床、数控加工基本知识及数控原理,又能熟练进行数控加工的高素质人才成为社会需求。根据企业生产需求,我们需要重点培养学生的动手操作能力,提升学生的加工工艺分析能力和编程能力,提高学生的机床操作水平,为此特编写本书。

本书在遵循"学中做,做中学,理实一体"的教学原则下,精心选取理论知识内容,合理设计加工操作项目,注重学生技能培养。内容以职业能力培养为主线,合理安排理论知识和加工操作项目。本书分三部分:一是基础理论及数控车削编程,包括数控机床概述、数控系统、数控车削编程等理论知识;二是数控铣削基本知识及编程,包括数控铣床概述、数控铣削编程、数控加工操作基础知识、数控机床夹具和数控加工冷却液等知识;三是数控机床典型零件加工。根据企业生产需求精心设计实训项目,项目设置层次性、工艺性强,内容由易到难、层层递进,同时增加了知识链接,很好地补充了数控加工的相关知识。

本书在编写过程中,注重实用性、科学性和创造性。在整体设计上满足"五个有利"的原则,即有利于丰富学生经历,有利于开拓学生视野,有利于挖掘学生潜能,有利于学生自主选择加工项目,有利于学生提高操作技能和动手能力。做到任务引领,目标准确,突出能力,内容适用,学做一体,方便使用项目教学法。

本书由滕美茹任主编,孟宪磊、刘振全任副主编。具体编写分工如下:孟宪磊编写了第1~3章;刘振全编写了第4~6章;滕美茹编写了第7~9章。

由于编者水平和经验有限,书中难免会有疏漏之处,恳请读者批评指正。

编　者

2018 年 7 月

目 录

第 1 章　数控机床概述

1.1　数控机床的组成、分类及其功能

1.1.1　数控机床的组成

数控机床一般由输入/输出装置、CNC 装置、伺服单元、驱动装置(或称执行机构)、可编程控制器(PLC)、电气控制装置、辅助装置、机床本体及测量装置组成。图 1-1 所示为数控机床的组成框图。其中除机床本体之外的部分统称为 CNC 系统。

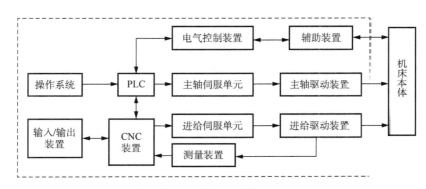

图 1-1　数控机床的组成

1. 输入/输出装置

输入装置的作用是将程序载体上的数控代码变成相应的电脉冲信号,传送并存入数控装置内。目前,数控机床的输入装置有键盘、磁盘驱动器、光电阅读机等,其相应的程序载体为磁盘。

各种类型数控机床中最直观的输出装置是显示器,有 CRT 显示器和彩色液晶显示器两种。数控系统通过显示器为操作人员提供必要的信息,显示器的信息是正在编辑的程序、坐标值、报警信号等。

因此,输入/输出装置是机床数控系统和操作人员进行信息交流所必须具备和必要的交互设备。

2. CNC 装置

CNC 装置(或称计算机数控装置)(Computerized Numberical Control,CNC)是计算机数控系统的核心,它接收的是输入装置送来的脉冲信号。信号经过数控装置的系统软件或逻辑电路进行编译、运算和逻辑处理后,输出各种信号和指令,控制机床的各个部分,使其进行规定的、有序的动作。这些控制信号中最基本的信号是经插补运算决定的各坐标轴(即做进给运动的各执行部件)的进给速度、进给方向和位移量指令(送到伺服驱动系统驱动执行部件做进给运动),其他信号还有主轴的变速、换向和启停信号,选择和交换刀具指令信号,控制冷却液、润滑油启停,工件和机床部件松开、夹紧,分度工作台转位的辅助指令信号等。

数控装置主要包括微处理器(CPU)、存储器、局部总线、外围逻辑电路以及与 CNC 系统的其他组成部分联系的接口等。

3. 伺服单元

伺服单元接收来自数控装置的速度和位移指令。这些指令经变换和放大后通过驱动装置转换成执行部件进给的速度、方向和位移。因此，伺服单元是数控装置和机床本体的联系环节，它把来自数控装置的微弱指令信号放大成控制驱动装置的大功率信号。根据接收指令的不同，伺服单元有脉冲式单元和模拟式单元之分。伺服单元就其系统而言又有开环系统、半闭环系统和闭环系统之分，其工作原理也有所差别。

4. 驱动装置

驱动装置把经过放大的指令信号变为机械运动，通过机械连接部件驱动机床工作台，使工作台精确定位或按规定的轨迹做严格的相对运动，加工出形状、尺寸与精度都符合要求的零件。和伺服单元相对应，驱动装置有步进电动机、交流伺服电动机等。

伺服单元和驱动装置可合称为伺服驱动系统，它是机床工作的动力装置，用以实施计算机数控装置的指令，所以，伺服驱动系统是数控机床的重要组成部分。从某种意义上说，数控机床的功能主要取决于数控装置，而数控机床的性能主要取决于伺服驱动系统。

5. 可编程控制器

可编程控制器也称为可编程逻辑控制器(programmable logic controller，PLC)。

数控机床的控制是通过 CNC 和 PLC 的协调配合来完成的。其中 CNC 主要完成与数字运算和管理等有关的功能，如零件程序的编译、插补运算、译码、位置伺服控制等。PLC 主要完成与逻辑运算有关的一些动作，而没有轨迹上的具体要求。它接收 CNC 的控制代码 M(辅助功能)、S(主轴转速)、T(选刀、换刀)等顺序动作信息，对顺序动作信息进行译码，转换成对应的控制信号，控制辅助装置完成机床相应的开关动作，如工件的装夹、刀具的更换、冷却液的开关等一些辅助动作。它还接收机床控制面板的指令，一方面直接控制机床的动作，另一方面将一部分指令送到数控装置，用于加工过程的控制。

数控机床的 PLC 一般分为两类，一类是内装型 PLC，将 CNC 和 PLC 综合起来设计，即 PLC 是 CNC 装置的一部分；另一类是独立型 PLC。

6. 机床本体

机床本体即数控机床的机械部件，包括主运动部件、进给运动执行部件(工作台、拖板及其传动部件)和支撑部件(床身立柱等)，还包括具有冷却、润滑、转位和夹紧等功能的辅助装置。加工中心类的数控机床还有刀库、交换刀具的机械手等部件。数控机床机械部件的组成与普通机床类似，但是，由于数控机床的高速度、高精度、大切削用量和连续加工等要求，其机械部件在精度、刚度、抗振性等方面的要求更高。因此，近年来在设计数控机床时采用了许多新的加强刚性、减小热变形、提高精度等方面的措施。

1.1.2 数控机床的分类

数控机床的种类有很多，常见的分类有以下几种。

1. 按工艺用途分类

(1)普通数控机床，包括数控车床、数控铣床、数控镗床、数控钻床、数控磨床等，而且每种类型中又有很多品种。

(2)加工中心机床。加工中心是在普通数控机床上加上刀库和自动换刀装置，工件经一次装夹后，可进行多道工序的集中加工，减少了工件装卸次数、更换刀具等辅助时间，机床的生产效率较高。

(3)多坐标数控机床。数控装置可同时控制 3 个以上坐标轴的数控机床称为多坐标数控机床。多坐标数控机床常见的有 4~6 个坐标，能加工复杂形状的零件，如螺旋桨、汽轮机叶片。

(4)数控特种加工机床，如数控线切割机床、数控电火花机床、数控激光切割机床等。

2. 按运动方式分类

(1)点位控制数控机床。这类机床的数控装置只控制机床移动部件从一个点位精确地移到另一个点位，而对它们的运动轨迹没有严格要求，在移动过程中不进行任何加工，如图 1-2(a)所示，常见的有数控钻床、数控冲床等。

(2)直线控制数控机床。直线控制数控机床的数控装置不仅要控制两点间的准确位置，还要控制移动速度和轨迹。刀具相对于工件移动时进行切削加工，其轨迹是平行于机床坐标轴的直线，如图 1-2(b)所示，常见的有数控车床、数控磨床和数控铣床等。

(3)连续控制数控机床。连续控制数控机床的数控装置能够同时对两个以上坐标轴的位移和速度，进行连续相关的控制，加工出符合图纸要求的复杂形状的零件，如图 1-2(c)所示，常见的有数控车床、数控铣床、加工中心等。

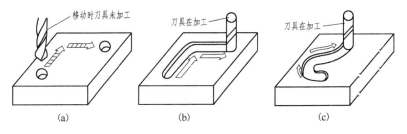

图 1-2　控制运动方式分类

3. 按伺服系统的控制方式分类

(1)开环控制系统的数控机床。开环控制系统的数控机床没有位置检测装置，通常使用步进电动机作为执行元件，如图 1-3 所示。机床加工精度低，但是系统结构简单，工作平稳，容易调试和维修，成本低，常用于经济型数控机床。

图 1-3　开环控制数控机床工作原理

(2)闭环控制系统的数控机床。闭环控制系统的数控机床在机床移动部件上装有位置检测装置，如图 1-4 所示。在加工中，随时将测量到的实际位移量反馈到数控装置中，与输入的指令位移值进行比较，及时消除误差，直到实现位移部件的最终定位。其特点是加工精度很高，但设计和调整困难，主要用于一些精度要求较高的数控镗床、铣床、超精车床和加工中心等。

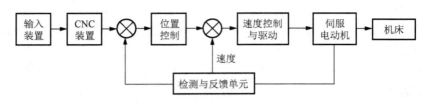

图 1-4　闭环控制数控机床工作原理

(3)半闭环控制系统的数控机床。将位置检测装置安装在驱动电动机或传动丝杠的端部，间接测量执行部件的实际位置或位移，如图 1-5 所示。其精度低于闭环系统，但测量装置结构简单，安装调试方便，常用于中档数控机床。

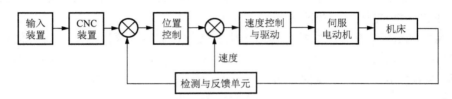

图 1-5　半闭环控制数控机床工作原理

1.1.3　数控机床的功能特点

数控机床在各行业得以日益广泛应用和迅速发展的主要原因，是数控机床具有如下特点。

1. 高速化与高精度化

数控机床高速化，是指计算机系统读入加工指令数据后能高速处理并计算出伺服电动机的移动量，伺服系统能快速地作出反应。为使数控机床在极短的空程内由零加速到较高速度并在高速下保持高定位精度，必须具有高加速度、高精度的位置检测系统和伺服品质。数控机床加工精度的提高，一般通过减少数控系统的误差和采用补偿技术来实现。

2. 复合化

复合化包含工序复合化和功能复合化。例如，工件在一台设备上一次装夹后，可通过自动换刀等各种措施来完成多工序和多表面的加工。

3. 小型化与开放式结构

机电一体化设备对 CNC 装置提出了小型化的要求，以便将机、电装置融为一体。目前，许多 CNC 采用的是最新的大规模集成电路(Large Scale Integration，LSI)、新型薄膜晶体管(Thin Film Transistor，TFT)彩色液晶显示器和表面封装技术，实现了三维立体装配。

4. 高柔性化

柔性是指数控机床适应加工对象变化的能力。数控机床已完全能满足加工对象的变化。在提高单机柔性化的同时，数控机床也朝着单元柔性化和系统柔性化方向发展。

5. 智能化

随着人工智能的不断发展，为了适应制造业生产柔性化、自动化的需要，数控机床智能化程度也不断提高。例如，应用自适应控制技术，引入专家系统指导加工；加强故障自诊断功能；研究智能化交流伺服驱动装置等。

1.2　数控加工技术

1.2.1　数控加工的基本概念和特点

1. 数控

数字控制（numerical control，NC）技术，简称数控技术（NC 技术），是采用数字化信息对机床的运动及其加工过程进行控制的方法。

2. 数控加工

数控加工，即采用数控机床加工零件的方法。数控加工是随着数控机床的产生、发展而逐步完善的一种应用技术，它是人们长期从事数控加工实践的经验总结。

3. 数控加工的特点

与传统机械加工方法相比，数控加工具有以下特点。

(1)适应性强。数控机床在生产过程中是按照数控指令进行工作的，当生产对象改变时，只需要改变数控设备的工作程序及配备所需的生产工具，而不需要改变机械部分和控制部分的硬件。这一特点不仅满足了当前产品更新快的市场竞争需要，而且解决了单件、小批量及新产品试制的自动化生产问题。适应性强是数控设备最突出的优点。

(2)能实现复杂的运动。数控机床几乎可以实现任意轨迹的运动和任何形状的空间曲面的加工，如普通机床难以加工的螺旋桨、汽轮机叶片等空间曲线。

(3)精度高，质量稳定。数控机床是按照预定的程序自动工作的，消除了操作者人为产生的错误，因而产品的生产质量十分稳定；而且数控机床的机械部分具有较高的动态精度，数控装置的脉冲当量（分辨率）可达 0.001mm，还可通过实时检测反馈修正误差或补偿来获得更高的精度。因此，数控机床可以获得比设备自身精度还高的加工精度。

(4)生产率高。产品的生产时间主要包括工艺时间和辅助时间，数控机床可有效地减少这两部分时间。就数控机床而言，可采用大功率高速切削，缩短工艺时间；还可配备自动换刀装置、检测装置及交换工作台，减少了工件的装卸次数和其他辅助时间，从而明显地提高了生产效率。

(5)减轻劳动强度，改善劳动条件。数控机床在生产过程中不需要人工干预，又可在恶劣的环境下自动进行加工，从而降低了工人的劳动强度，并极大地改善了劳动条件。

(6)有利于生产管理。数控机床使用数字信息与标准代码处理、传递信息，有利于与计算机连接，构成由计算机控制、管理的生产系统，为产品的设计、制造及管理一体化奠定了基础。

1.2.2　数控加工的步骤

数控加工的步骤如下。

(1)选择适合在数控机床上加工的零件，确定工序内容。

(2)分析零件图及其结构工艺，明确加工内容及技术要求。

(3)根据零件图进行数控加工的工艺分析，确定加工方案、工艺参数和工艺装备等。

(4)用规定的程序代码和格式编写零件加工程序，或用 CAD/CAM 软件直接生成零件的加工程序文件。

(5)输入加工程序，对加工程序进行校验和修改。

(6)通过对机床的正确操作，运行程序，完成零件的加工。

1.2.3　数控机床的产生和数控机床的发展

1952 年，美国麻省理工学院成功地研制出一套三坐标联动，利用脉冲乘法器原理的试验性数字控制系统，并把它装在一台立式铣床上，当时用的电子器件是电子管，这就是第一代，也是世界上第一台数控机床。

1959 年，计算机行业研制出晶体管器件，因而数控系统中广泛采用晶体管和印制电路板，从而跨入第二代数控机床。1959 年 3 月，由克耐·杜列克公司(Keaney & Trecker)发明了带有自动换刀装置的数控机床，称为"加工中心"。

从 1960 年开始，其他一些国家，如德国、日本陆续开发、生产及使用了数控机床。

1965 年，出现了小规模集成电路。由于它的体积小、功耗低，数控系统的可靠性得以进一步提高，数控系统发展到第三代。

以上三代都属于普通数控机床(简称 NC 机床)，它们均采用专用计算机的硬逻辑数控系统。

1967 年，英国首先把几台数控机床的硬逻辑连接成具有柔性的加工系统，这就是最初的FMS(flexible manufacturing system，柔性制造系统)。之后，美国、日本及欧洲其他一些国家也相继进行了开发和使用。随着计算机技术的发展，小型计算机的价格急剧下降。小型计算机开始取代专用数控计算机，数控的许多功能由软件程序实现，这样组成的数控系统称为计算机数控系统(CNC)。1970 年，在美国芝加哥国际展览会上，首次展出了这种系统，称为第四代数控系统。

1970 年后，美国英特尔(Intel)公司开发和使用了微处理器。1974 年，美国、日本等国首先研制出以微处理器为核心的数控系统。随后的 20 多年，微处理器数控系统的数控机床得到了飞速发展和广泛应用，这就是第五代数控系统。

20 世纪 80 年代初，国际上又出现了柔性制造单元(flexible manufacturing cell，FMC)。FMC 和 FMS 被认为是实现计算机集成制造系统(computer integrated manufacturing system，CIMS)的必经阶段和基础。

1.2.4　数控机床的发展趋势

随着计算机技术、测试技术、微电子技术、材料和机械结构等的高速发展，国内外对数控技术的研究不断取得新成果，并出现了以下新的发展趋势。

(1)主控机向着多位的微处理器化发展。即越来越多的数控机床采用 32 位或 64 位微机，从而提高了数控系统的运算处理速度和能力。一般的数控系统都有远距离通信接口，高档系统还有 DNC 接口，便于实现数据通信、联网与控制。

(2)数控装置向着集成化和智能化的方向发展。新一代数控系统大量采用大规模及超大规模集成电路、表面安装技术，使整个系统小型化、经济、可靠，还引入了专家系统和知识库，增加了人工智能的功能，从而提高了排除故障的能力和加工精度。

(3)数控系统采用了模块化结构。即采用了模块化和总线结构，更加通用、方便，开放式模块化结构，便于各种功能的综合和扩展。

(4)数控编程更加图形化和自动化。无论脱机编程还是联机编程，其编程系统的功能更加强大。图形输入、轨迹生成与动态模拟等形象直观高效方法的采用，测量、编程、加工一体化的实现使数控编程更为方便、高效。

(5)数控系统更加可靠和拟人化。由于从数控系统的可靠性设计开始，实施了一整套的质量保证体系，采用了集成化结构、超大规模集成电路、表面安装工艺新技术等，现代数控系统平均无故障时间已经达到了 3 万小时，可靠性大为提高。

(6)数控机床加工过程中进行检测和监控越来越普遍。例如，采用红外线、超声、激光检测装置，对刀具和工件进行在线检测，若发现工件超差、刀具磨损、破损可及时报警。

(7)自适应控制技术广泛应用。自适应控制的数控机床，能随着加工过程中条件的变化，自动调节工作参数，如伺服系统的参数、切削用量等，使加工过程达到或接近最佳状态。

1.3　数控机床的主要性能指标

从某种意义上说，数控机床的功能主要取决于数控装置，而数控机床的性能主要取决于伺服驱动系统。伺服系统是把数控信息转化为机床进给运动的执行机构。为确保机床的加工质量和效率，机床对伺服系统有严格的要求，概括为"稳、准、快、宽、足"五个字，即伺服系统的稳定性、准确性、快速响应性、宽的调速范围和足够的输出转矩或驱动功率五项性能指标。

1. 稳定性

稳定性是指系统在给定输入的外界干扰作用下，能在短暂的调节过程后，达到新的或恢复到原来的平衡状态。对伺服系统要求有较高的抗干扰能力，保证进给速度均匀、平稳，保证电源、环境、负载、速度变化等所产生的波动对其影响甚小，从而满足数控加工时零件的尺寸精度、表面粗糙度和加工一致性的要求。

2. 准确性

准确性是指指令脉冲要求机床工作台进给的位移量和该指令脉冲经伺服系统转化为工作台实际位移量之间的符合程度，也称为位移的精度。两者误差越小，伺服系统精度越高。通常，伺服系统的准确性包括以下几个方面。

(1)定位精度。即要求定位位置与实际的定位位置所偏离的分散范围，也就是指工作台由一端移到另一端时，其指令和实际位移的最大偏差。由于数控机床按加工程序一次完成加工，中间不可能由操作者进行工件测量，再通过操纵手轮来修正加工偏差，因此进给系统的定位精度直接决定了工件的加工精度。故定位精度是考核机床的一项至关重要的性能指标。一般数控机床伺服系统的定位精度为 0.001～0.01mm。

(2)重复定位精度。即重复定位时，实际定位位置在某一范围的精度。它影响零件加工的一致性。

(3)分辨率。即定位机构中最小的位置检测量(如 0.001mm)，它一般与坐标显示中最小分辨率位数一致。

(4)脉冲当量。即数控系统送到伺服驱动系统的最小指令(即每一脉冲)所代表的位移量，其数值一般与系统分辨率一致，但单位不同。一般数控机床伺服系统的脉冲当量为 0.005～0.01mm/脉冲。

此外，为了能满足零件的轮廓精度要求，伺服系统还必须要在负载变化时有较强的抗扰动能力和高的调速精度。

3．快速响应性

快速响应性是伺服系统动态品质的重要指标。它反映了系统的动态精度。机床进给伺服系统实际上就是一种高精度的位置随动系统，它不但要求静态误差小，也要求动态响应快。具体表现在起、停的升降过程短，有较高的加速度，即要求系统反应灵敏，有很小的超调量。一般数控机床的加减调节过渡时间要在 200ms 以内。

4．宽的调速范围

调速范围是指生产机械要求电动机能提供的最低转速和最高转速的比值。在数控机床中，由于加工时的刀具、被加工材料的性质及零件加工要求的不同，为了保证在任何情况下都能得到最佳的切削状态（其切削进给速度也不同），要求伺服系统具有足够宽的调速范围。另外，为了提高工效、减少机床辅助运行时间，要求伺服系统在非切削过程中（如换刀），能在保证定位准确的前提下，工作台以最快的速度移动，趋近某一指定位置。对一般数控机床而言，要求进给伺服系统在 1～254m/min 进给速度范围内均匀、稳定、无爬行地运行；在 1m/min 以下具有一定的瞬时速度，且平均速度很低；在零速时，即工作台停止运动时，伺服机构应处于锁住状态。目前较先进的伺服电动机的调速范围已达 1∶20000 以上。

5．足够的输出转矩或驱动功率

机床加工的特点是，在低速时进行重切削。因此，要求伺服系统在低速时，要有较大的转矩输出，进给坐标的伺服控制属于恒转矩控制；而主轴坐标的伺服控制在低速时为恒转矩输出，在高速时为恒功率输出。

除以上五项主要性能指标外，伺服系统还具有温升低、噪声小、效率高、价格低、控制方便、线性度好（如输出速度与输出电压呈线性关系）、可靠性高、维修保养方便、对温度等环境要求宽等性能要求。

第2章 数 控 系 统

2.1 计算机数控装置及其功能

数控加工是用数字化信息(二进制信息)经数控系统处理后,变成指令对机床实现功能控制,完成自动切削的过程。数控系统必须在硬件和软件的密切配合下才能实现各种功能。根据数空系统的需要存在着多种硬件结构和软件结构。随着现代计算机硬、软件技术的飞速发展,数控系统的功能也不断完善,具体表现为能适应不同的控制要求,具有灵好的人机界面,具有良好的系统开放性等。

2.1.1 计算机数控装置的硬件功能

虽然数控系统硬件的分类形式很多,但其硬件结构主要都是由微处理器(CPU)、总线、存储器、位置控制器、可编程控制器(PLC)接口和各种输入/输出设备接口(I/O 接口)等组成的。

1. 微处理器

微处理器主要完成信息处理,包括控制和运算两方面的任务。控制任务是根据系统要求实行的功能而进行的协调、组织、管理和指挥工作,即获取信息、处理信息、发出控制命令。它主要包括对零件加工程序输入/输出的控制、对机床的加工现场状态信息的记忆控制、保持CNC 系统各功能部件的动作以及各部件之间协调的输入/输出控制、保持对外联系和机床的控制状态信息的输入/输出控制。

运算任务是完成一系列的数据处理工作,主要包括译码、刀补计算、运动轨迹计算、插补计算和位置控制的给定值与反馈值的比较运算等。

2. 总线

总线是由一组传送数字信息的物理导线组成的。它是计算机系统内部进行数据或信息交换的通道,从功能上讲,它可以分成 3 类。

(1)数据总线。它是各模块间数据交换的通道,线的根数与数据宽度相适应。它是双向总线。

(2)地址总线。它是传送数据有效地址的总线,与数据总线结合,可以确定数据总线上的数据来源或目的地。它是单向总线。

(3)控制总线。它是一组传送处理或控制信号的总线(如数据的读/写控制、中断、复位、数据来源地和目的地)。它是单向总线。

3. 存储器

存储器用于存放程序、数据和参数。在 CNC 系统中的存储器包括只读存储器(ROM)和随机存储器(RAM)两种。

4. 定时器和中断控制器

定时器和中断控制器主要用于计算机系统的定时控制和多级中断控制。

5. 位置控制器

数控装置中的位置控制器(又称位置控制模块)主要是对数控机床进给运动的坐标轴位置

进行控制。它需要随时把插补运算所得的各坐标轴位移指令与实际检测的位置反馈信号进行比较，并结合有关补偿参数，适时地向各坐标伺服驱动控制单元发出位置进给指令，使伺服控制单元驱动电动机运转。它是一种同时具有位置控制和速度控制两种功能的反馈控制系统。

位置控制器的硬件一般采用大规模专用集成电路位置控制芯片，如 FANUC 公司的 MB8720、MB8739、MB87013 等。

6. 可编程控制器接口

一般情况下，现代数控系统采用内装型和独立型可编程控制器实现 M、S、T 功能，将数控系统的开关量送到强电柜，并将机床和强电柜的信号送到数控系统。

2.1.2 计算机数控装置的软件功能

数控系统是由硬件和软件组成的，硬件为软件的运行提供了支持环境。同一般计算机系统一样，软件和硬件在逻辑上是等价的。一般来讲，硬件处理速度快，但造价高；软件适应性强，但处理速度较慢。在现代数控系统中，数控功能大都采用软件来实现。

数控系统的软件是为了完成 CNC 系统的各功能而专门设计和编制的专用软件，又称为系统软件(或系统程序)。

1. 数控系统的软硬件界面

图 2-1 所示为典型的 4 种软件和硬件功能界面。

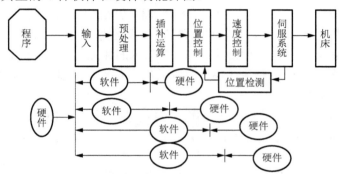

图 2-1 软件和硬件功能界面

现代数控系统中，软件和硬件的界面关系是不固定的。早期的 NC 装置中，数控系统的全部功能均由硬件完成，随着计算机技术的发展，计算机参与了数控系统的工作，构成了 CNC 系统，由软件来完成数控工作。由于不同的产品，功能要求也不同，因此软件和硬件的界面也不同。

2. 数控系统软件的内容

数控系统是一个专用的实时多任务控制系统，即应能对信息作快速处理和响应。由于数控装置通常作为一个独立的过程控制单元应用于工业自动化生产中，因此，它的系统软件包括管理软件和控制软件两大部分(图 2-2)。管理软件主要承担系统资源的管理和系统各任务的调度，包括输入、I/O 处理、显示和诊断等模块；控制软件主要完成 CNC 的基本功能，包括译码、刀具补偿、速度处理、插补运算和位置控制等模块。

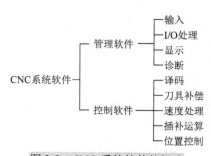

图 2-2 CNC 系统软件的组成

3. 数控系统软件的结构特点

(1) 数控系统的多任务并行处理。在数控加工时,CNC 要完成许多任务,在多数情况下,几个任务必须同时进行。例如,为了使操作人员及时地了解 CNC 系统的工作状态,管理软件中的显示模块必须与控制软件同时运行;当 CNC 系统工作在 NC 加工方式时,管理软件中的零件程序输入模块必须与控制软件同时运行,如图 2-3(a)所示。而当控制软件运行时,一些处理模块也必须同时运行。例如,为了保证加工过程的连续性,即刀具在各段程序间不停刀,译码、刀具补偿和速度处理模块必须与插补运算模块同时运行,而插补运算模块必须与位置控制模块同时运行,如图 2-3(b)所示。

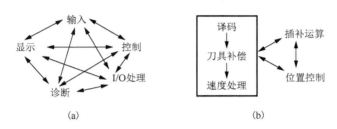

图 2-3 多任务并行处理图

并行处理是计算机在同一时刻或同一时间间隔内,完成两种或两种以上性质相同或不同的工作。在 CNC 的软件结构中主要有"资源分时共享并行处理"和"资源重叠的流水处理"两种方法。

(2) 实时中断处理。CNC 系统控制软件的另一重要特点是实时中断处理。CNC 系统程序以加工零件为对象,一个程序段有许多子程序(如插补运算程序和位置控制程序等),它们按预定的顺序反复执行,各步骤之间关系十分密切。由于许多子程序实时性很强,这就决定了中断成为整个系统中不可缺少的重要部分。CNC 系统中断的实现主要靠硬件完成,而系统的中断结构也决定了软件的结构。数控系统的中断类型有外部中断、内部定时中断、硬件故障中断和程序中断。

4. 数控系统软件的结构

数控系统的软件常采用两种结构,一种是前后台型结构,一种是中断型结构。

(1) 在前后台型软件结构中,后台程序是一个循环运行程序,它完成协调管理、数据译码、数据预计算以及坐标显示等无实时性要求的任务。而前台程序则是一个中断服务程序,它完成机床监控、操作面板状态扫描、插补运算、位置控制、可编程控制、故障处理等的实时控制任务。当后台程序循环运行时,前台实时中断程序也不断地被插入,并与之配合,共同完成零件程序的加工任务。

(2) 在中断型结构中,除了初始化程序外,其他各种功能程序(如加工程序的输入、译码、数据处理、插补运算、位置控制等)均被设定在不同优先级的中断程序中,整个软件为一个大的多重中断系统。系统的管理功能主要通过各级中断程序之间的通信来实现。

2.1.3 CNC 装置与 NC 装置的主要优点

CNC 装置与 NC 装置具有以下主要优点。

(1) 通过改变软件就可以很容易地改变或扩展数控功能。

(2)较易实现多轴联动的插补以及高精度的插补方法，提高了数控设备的工作精度。

(3)简化了结构硬件，简化了用户编制的工作程序，并可将用户工作程序一次输入存储器。

(4)易于放置各种诊断程序，进行故障预检和自动查找等。

(5)CNC 装置不仅柔性增强，更为灵活和经济，而且提高了工作的可靠性，其高性能价格比促进了数控设备的迅速发展。

2.2　数控机床的检测装置

检测装置由传感器(即检测元件)和测量电路组成，它的种类有很多，这里的检测装置是指用在数控机床上的位移检测装置，对数控机床的加工精度和定位精度影响很大。检测装置的精度由分辨率来反映，分辨率是位移检测装置能够测量的最小位移量，分辨率越小，则检测精度越高。分辨率不仅取决于检测元件本身，还取决于测量电路。

2.2.1　检测装置的要求

对检测装置主要有以下几方面要求。

(1)工作可靠，抗干扰性强。

(2)满足精度和速度的要求。

(3)使用维修方便，适合机床运行环境。

(4)成本低。

不同类型的数控机床，其检测装置的精度和速度要求是不同的，一般要求检测装置的分辨率或脉冲当量比加工精度高一个数量级。

2.2.2　常用的位移检测装置

位移检测装置根据检测的特点不同，可分为直线式和旋转式两种。

直线式位移检测装置安装在机床的工作台上，它检测的是工作台的直线位移，因此是直线测量，其精度主要取决于检测装置的精度。

旋转式位移检测装置安装在机床的丝杠上，它检测的是角位移，因此是间接测量。其检测方式是先由传感器检测出丝杠旋转的角位移，再通过角位移与直线位移之间的线性关系得出工作台的直线位移，其测量精度取决于检测装置和机床传动链两者的精度。

常用的位移检测装置有以下几种。

1. 旋转变压器

旋转变压器是一种常用于数控机床中测量角位移的检测元件，其结构简单，工作可靠，对工作环境要求不高，且精度能满足一般的检测要求。

2. 感应同步器

感应同步器是一种电磁式位移检测元件。它有两种类型，一种用于测量直线位移，称为直线式感应同步器；另一种用于测量角位移，称为旋转式感应同步器。直线式感应同步器由定尺和滑尺组成，旋转式感应同步器由定子和转子组成。

3. 光栅

光栅是数控机床和数显系统常用的光电检测元件。光栅与前面讲的旋转变压器和感应同步器不同，它的工作不是依靠电磁学原理而是利用光学原理。它具有精度高、响应速度快等优点，是一种非接触式测量装置。常见的光栅在形式上可分为长光栅和圆光栅，长光栅用于直线位移的检测，又称直线光栅，圆光栅用于角位移的检测，两者的工作原理相似。

4. 磁栅

磁栅又称磁尺，是一种利用电磁特性和录磁原理进行位移检测的元件。磁栅按其结构特性可分为直线式（又分线型和带型）和旋转式两类，分别用于直线位移和角位移的测量。它具有精度高、复制简单、安装调试方便等优点，且在油污、灰尘较多的工作环境下，仍有较高的稳定性，因此，在数控机床、精密机床和各种测量机构中得到广泛应用。

5. 编码器

编码器是一种旋转式的角位移检测元件，通常安装在被检测的轴上，与被测轴一起转动，它把角位移用脉冲信号来表示，所以也称为脉冲编码器。编码器按其测量的坐标系来分，可分为增量式和绝对式。增量式测量的特点是只测量位移的增量，如前面所述的感应同步器、光栅、磁栅等。工作台每移动一个测量单位，则检测装置就发出一个测量信号，此信号通常是脉冲形式。这种检测方式结构比较简单，但一旦计数有误，此后的测量结果全错，或发生故障（如断电等），排除后不能找到事故前的正确位置。绝对式测量的特点是被测量的任一点的位置都是从一个固定的零点算起，每个被测点都有相应的测量值，常以数据形式表示，因此，不易丢失。

2.3　伺服驱动装置

伺服系统是数控装置和机床的联系环节，是数控机床的重要组成部分。它的性能在很大程度上决定了机床的性能。例如，数控机床的最高移动速度、跟踪精度、定位精度等重要指标均取决于伺服系统的动态和静态性能。而伺服系统的性能取决于它各个组成环节的特性和各环节性能的合理匹配。

2.3.1　伺服驱动装置的作用、组成和分类

1. 伺服驱动装置的作用

数控机床的伺服系统是指以机床移动部件（如工作台）的位置和速度为控制量的自动控制系统，又称拖动系统或伺服驱动控制装置。在 CNC 机床中，伺服系统接收来自插补装置或插补软件生成的进给脉冲或进给位移量，经一定的信号变换和电压、功率放大后，转化成机床工作台的位移。

2. 伺服系统的基本组成

数控机床伺服系统的基本组成如图 2-4 所示，驱动控制单元的作用是将进给指令转化为驱动执行元件所需的信号；执行元件则将该信号转化为相应的机械位移，驱动机床移动部件的运动；反馈检测单元的作用是对工作台的实际位移进行检测，并反馈给比较控制环节；比较控制环节则将反馈信号和指令进行比较，以两者的差值作为伺服系统的跟随误差，再经过驱动控制单元驱动和控制执行元件，带动工作台运动。

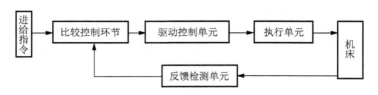

图 2-4　数控机床伺服系统的基本组成

一般情况下，我们将由驱动控制单元、执行元件和机床组成的伺服系统称为开环伺服系统(通常其执行元件为步进电动机)；将由驱动控制单元、执行元件、机床以及反馈检测单元和比较控制环节组成的伺服系统称为闭环伺服系统。由上述分析可知，无论哪种类型的伺服系统，执行元件和驱动控制单元都必不可少。

3. 伺服系统的分类

伺服系统的产生早于数控机床。在 20 世纪 40 年代，伺服机构已在技术领域取得较大的发展，当时主要用于炮弹跟踪等一些位置随动系统，一般只要求稳、准、快，对速度要求不高，所以有位置的反馈没有速度反馈。随着数控机床的发展，各种高性能的伺服系统不断涌现，伺服系统的分类方法也不断变化，下面根据其用途和功能、调节原理、使用的驱动元件以及反馈控制方式分别作简单介绍。

(1)按用途和功能分类，分为进给驱动伺服系统和主轴驱动伺服系统。

进给驱动伺服系统是用于数控机床工作台或刀架坐标控制的系统，控制机床各坐标轴的切削进给运动，并提供切削过程所需的转矩。这类伺服系统包括速度控制和位置控制两方面的内容，具有定位和轮廓跟踪功能，是数控机床中要求最高的伺服控制系统。

主轴驱动伺服系统用于机床主轴的旋转运动，为机床主轴提供驱动功率和所需的切削力，这类系统必须具有足够的功率和较宽的速度调节范围。

(2)按调节原理分类。数控机床的伺服系统按调节原理(即有无位置反馈)可分为开环和闭环两种基本的控制结构。对于闭环系统又可根据检测装置在机床上的位置不同，进一步分为半闭环和全闭环伺服驱动系统。现代数控机床的伺服系统多采用闭环控制系统，开环控制系统常用于经济型数控或老设备的改造。

(3)按使用的驱动元件分类，分为电液伺服系统和电气伺服系统。

电液伺服系统的执行元件为液压元件，其前一级为电气元件，驱动元件是液动机或液压缸。常用的有电液脉冲电动机和电液伺服电动机，数控机床发展的初期都采用电液伺服系统，这类伺服系统具有在低速下可得到很高的输出转矩以及刚性好、时间常数小、反应快和速度平稳等优点，但液压系统需要油箱、油管等供油系统，有体积大、噪声大、易漏油等问题。

电气伺服系统全部采用电子器件和电动机部件，操作维护方面可靠性高。电气伺服系统按驱动元件又可分为直流伺服系统和交流伺服系统。早期的数控系统都采用直流伺服系统，但直流伺服电动机的电刷和机械换向器限制了它向大容量、高电压、高速度方向的发展。自 20 世纪 80 年代，交流伺服系统得到广泛的应用。交流伺服电动机的优点是容易维修、制造简单、易于向大容量和高速度方向发展，适合在恶劣的环境中使用。

2.3.2　常用的伺服驱动装置

1．步进电动机

步进电动机是开环伺服系统中的执行元件，它受驱动控制线路的控制，将代表进给脉冲的电平信号直接变换成具有一定方向、大小和速度的机械角位移(或线位移)，并通过齿轮和丝杠带动工作台移动。由于开环伺服系统没有反馈检测环节，因此它的精度和速度主要由步进电动机决定。由于步进电动机具有控制简单、运行可靠、惯性小、误差不长期积累等优点，故在速度和精度要求不太高的场合具有一定的使用价值。

步进电动机的分类方式有很多，常见的分类方式有以下几种。

(1)按力矩产生的原理分类，可分为反应式、激磁式和混合式。

(2)按输出的力矩大小分类，可分为伺服式和功率式。

(3)按各相绕组的分布分类，可分为径向分相式和轴向分相式。

2．直流伺服电动机

随着数控技术的发展，对驱动执行元件的要求越来越高，一般的电动机不能满足数控机床对伺服控制的要求。近年来开发了多种大功率直流伺服电动机，并且已经在闭环和半闭环系统中广泛应用。

小惯量直流伺服电动机是通过减少电枢转动惯量来改善其工作特性的，因此低速时运转稳定而均匀，电气机械性能良好，电枢反应小，具有良好的换向特性，在早期的数控机床上得到广泛的应用。

宽调速直流伺服电动机是用提高转矩的方法来改善其动态特性的，因而在闭环伺服系统中应用更广泛。宽调速直流伺服电动机的励磁方式分为电磁式和永磁式两种。永磁式电动机效率较高且低速时输出转矩大，目前几乎都采用永磁式电动机。

3．交流伺服电动机

近年来，随着大功率半导体器件、变频技术、现代控制理论以及微处理器等大规模集成电路技术的进步，交流伺服电动机有了飞速的发展。它坚固耐用、经济可靠且动态响应性好、输出功率大、无电刷，因而在数控机床上被广泛应用并有取代直流伺服电动机的趋势。

交流伺服电动机分为异步型和同步型两种。异步型交流伺服电动机有三相和单相之分，也有笼型和线绕式之分，通常多用笼型三相感应电动机。因其结构简单，与同容量的直流伺服电动机相比，质量约轻 1/2，价格仅为直流伺服电动机的 1/3。它的缺点是不能经济地实现范围较广的平滑调速，必须从电网吸收滞后的励磁电流，因而令电网因数变坏。

同步型交流伺服电动机虽然较感应电动机复杂，但比直流伺服电动机简单。按不同的转子结构，同步型交流伺服电动机可分为电磁式及非电磁式两大类。非电磁式又可分为磁滞式、永磁式和反应式。其中，磁滞式和反应式同步伺服电动机存在功率低、功率因数差、制造容量不大等缺点，因而数控机床中多用永磁式同步交流伺服电动机。

2.4　典型的数控系统

2.4.1　华中 HNC-21/22T 数控系统功能介绍

1．准备功能

准备功能主要用来指令机床或数控系统的工作方式。华中 HNC-21/22T 数控系统的准备功能由地址符 G 和其后一位或两位数字组成，它用来规定刀具和工件的相对运动轨迹、机床坐标系、坐标平面、刀具补偿、坐标偏置等多种加工操作。具体的 G 指令代码见表 2-1。

表 2-1　华中 HNC-21/22T 系统准备功能 G 指令代码

G 指令	组　号	功　能	G 指令	组　号	功　能
G00	01	快速定位	G56	11	工作坐标系设定
*G01		直线插补	G57		工作坐标系设定
G02		顺圆插补	G58		工作坐标系设定
G03		逆圆插补	G59		工作坐标系设定
G04	00	暂停指令	G71	06	内外径粗车复合循环
G20	08	英制单位设定	G72		端面车削复合循环
*G21		米制单位设定	G73		闭环车削复合循环
G28	00	从中间点返回参考点	G76		螺纹车削复合循环
G29		从参考点返回	*G80	01	内外径车削固定循环
G32	01	螺纹车削	G81		端面车削固定循环
*G36	16	直径编程	G82		螺纹车削固定循环
G37		半径编程	G90	13	绝对值编程
*G40	09	刀具半径补偿取消	G91		增量值编程
G41		刀具半径左刀补	G92	00	工件坐标系设定
G42		刀具半径右刀补	*G94	14	每分钟进给
G53	00	机床坐标系选择	G95		每转进给
*G54	11	工作坐标系设定	G96	16	恒线速度控制
G55		工作坐标系设定	*G97		取消恒线速度控制

注：表中带☆记号的为系统默认 G 功能，在接通电源时，显示默认的 G 代码。

　　G 指令根据功能的不同分成若干组，其中 00 组的 G 功能称非模态 G 功能，指令只在所规定的程序段中有效，程序段结束时被注销。其余组的称模态 G 功能，这些功能一旦被执行，就一直有效，直到被同一组的 G 功能注销为止。模态 G 功能组中包含一个默认 G 功能（表 2-1 中带有☆记号的 G 功能），通电时将初始化该功能。没有共同地址符的不同组 G 指令代码可以放在同一程序段中，而且与顺序无关。例如，G90、G57 可与 G01 放在同一程序段中。

2. 辅助功能

　　辅助功能也称 M 功能，主要用于控制零件程序的走向，以及机床各种辅助功能的开关动作，如主轴的开、停，切削液的开关等。华中 HNC-21/22T 数控系统辅助功能由地址符 M 和其后的一位或两位数字组成。具体的 M 指令代码见表 2-2。

　　M 功能与 G 功能一样，也有非模态 M 功能和模态 M 功能两种形式。非模态 M 功能（当段有效代码）只在书写了该代码的程序段中有效；模态 M 功能（续效代码）是一组可相互注销的 M 功能，这些功能在被同一组的另一个功能注销前一直有效。模态 M 功能组中包含一个默认功能（表 2-2 中带有☆记号的 M 功能），系统通电时将初始化该功能。

表 2-2　华中 HNC-21/22T 系统辅助功能 M 指令代码

M 指令	模　态	功　能	M 指令	模　态	功　能
M00	非模态	程序暂停	M07	模态	切削液开
M02	非模态	主程序结束	☆M09	模态	切削液关
M03	模态	主轴正转启动	M30	非模态	主程序结束 返回程序起点
M04	模态	主轴反转启动			
☆M05	模态	主轴停止	M98	非模态	调用子程序
M06	非模态	换刀	M99	非模态	子程序结束

注：表中带☆记号的为系统默认 M 功能。

　　另外，M 功能还可分为前作用 M 功能和后作用 M 功能两类。前作用 M 功能是指在程序段编制的轴运动之前执行；而后作用 M 功能则在程序段编制的轴运动之后执行。

　　其中，M00、M02、M30、M98、M99 用于控制零件程序的走向，是 CNC 内定的辅助功能，不由机床制造商设计决定，也就是说，与 PLC 程序无关。其余 M 代码用于机床各种辅助功能与开关动作，其功能不由 CNC 内定，而是由 PLC 程序指定，所以有可能因机床制造厂不同而有所差异，请使用者参考机床说明书。

　　3. 进给功能

　　进给功能主要用来指定切削的进给速度，表示工件被加工时刀具相对于工件的合成速度。对于车床，进给方式可分为每分钟进给和每转进给两种，与 FANUC、SIEMENS 系统一样，华中 HNC-21/22T 系统也采用 G94、G95 进行规定。

　　(1)每转进给指令 G95。每转进给即主轴每转一周时刀具的进给量。在含有 G95 程序段后面，遇到 F 指令时，认为 F 所指定的进给速度单位为 mm/r。

　　(2)每分钟进给指令 G94。在含有 G94 程序段后面，遇到 F 指令时，认为 F 所指定的进给速度单位为 mm/min。与 SIEMENS 系统刚好相反，系统开机状态为 G94 状态，只有输入 G95 指令后，G94 才被取消。

　　当工作在 G01、G02 或 G03 方式下时，编程的 F 指令一直有效，直到被新的 F 值取代；而工作在 G00 方式下时，快速定位的速度是各轴的最高速度，与所编 F 指令无关。

　　借助机床控制面板的倍率按键，F 指令可在一定范围内进行倍率修调。当执行攻螺纹循环 G76、G82、螺纹切削 G32 指令时，倍率开关失效，进给倍率固定在 100%。当使用每转进给方式时，必须在主轴上安装一个位置编码器。

　　4. 主轴转速功能

　　主轴转速功能主要用来指定主轴的转速，单位是 r/min。

　　(1)恒线速度控制指令 G96。G96 是接通恒线速度控制的指令。系统执行 G96 指令后，S 后面的数值表示切削线速度。

　　(2)主轴转速控制指令 G97。G97 是取消恒线速度控制的指令。系统执行 G97 指令后，S 后面的数值表示主轴每分钟的转数。

　　注意：使用恒线速度功能，主轴必须能自动变速(如伺服主轴、变频主轴)。在系统参数中设定主轴最高限速。

5. 刀具功能

刀具功能主要用来指令数控系统进行选刀或换刀，华中 HNC-21/22T 系统与 FANUC 系统相同，用 T 代码与其后的 4 位数字（刀具号+刀补号）表示，如 T0202 表示选用 2 号刀具和 2 号刀补（SIEMENS 系统用 T2D2 表示）。当一个程序段中同时包含 T 代码与刀具移动指令时，先执行 T 代码指令，而后执行刀具移动指令。

2.4.2 西门子 SIEMENS-802S 数控系统功能介绍

SIEMENS（西门子）公司是生产数控系统的著名厂家，西门子系统在数控机床领域中占有重要的地位和较大的市场份额。本节重点介绍 SIEMENS-802S 系统数控车床的系统功能。

1. 准备功能

准备功能主要用来指令机床或数控系统的工作方式。与华中数控系统一样，SIEMENS-802S 系统的准备功能也用地址符 G 和后面的数字表示。具体的 G 指令代码见表 2-3。

表 2-3　SIEMENS-802S 系统准备功能 G 指令代码

G 指令	功　能	说　明	G 指令	功　能	说　明
G00	快速定位	运动指令模态有效	*G60	准确定位	定位性能模态有效
*G01	直线插补		G64	连续路径方式	
G02	顺圆插补		G09	准确定位	程序段有效
G03	逆圆插补		G70	英制尺寸编程	模态有效
G04	暂停指令	非模态指令	*G71	米制尺寸编程	
G05	中间点圆弧插补	模态有效	*G90	相对尺寸编程	模态有效
			G91	绝对尺寸编程	
G33	恒螺距螺纹切削	模态有效	G94	每分钟进给	模态有效
G74	回参考点	特殊运行程序段有效	*G95	每转进给	
G75	回固定点		G96	恒线速度控制	模态有效
G158	可编程零点偏移	写储存器程序段方式有效	*G97	取消恒线速度控制	
G25	主轴转速下限		*G450	圆弧过渡	模态有效
G26	主轴转速上限		G451	等距线焦点	
G17	加工中心孔时要求	平面选择	G22	半径尺寸编程	模态有效
			*G23	直径尺寸编程	
*G18	XZ 平面设定		*G500	取消可设定零点偏移	可设定零点偏移模态有效
*G40	刀尖半径补偿取消	刀尖半径补偿模态有效	G54	第一可设定零点偏移	
G41	刀尖半径左补偿		G55	第二可设定零点偏移	
G42	刀尖半径右补偿		G56	第三可设定零点偏移	
G53	取消可设定零点偏移	程序段有效	G57	第四可设定零点偏移	

注：带有☆记号的 G 代码，在接通电源时，显示 G 代码；对于 G70、G71，则是电源切断前保留的 G 代码。

2. 辅助功能

辅助功能也称 M 功能，主要用来指令操作时各种辅助动作及其状态，如主轴的开、停、冷却液的开关等。SIEMENS-802S 系统的辅助功能 M 指令代码见表 2-4。

表 2-4　SIEMENS-802S 系统辅助功能 M 指令代码

M 指令	功　　能	M 指令	功　　能
M00	程序暂停	M05	主轴停止
M01	选择性停止	M06	自动换刀，适应加工中心
M02	主程序结束	M08	切削液开
M03	主轴正转	M09	切削液关
M04	主轴反转	M30	主程序结束，返回开始状态

3. 进给功能

进给功能主要用来指令切削的进给速度。对于车床，进给方式可分为每分钟进给和每转进给两种，SIEMENS-802S 系统采用 G94、G95 进行规定。

(1) 每转进给指令 G95。在含有 G95 程序段后面，遇到 F 指令时，则认为 F 所指定的进给速度单位为 mm/r。系统开机状态为 G95 状态，只有输入 G94 指令后，G95 才被取消。

(2) 每分钟进给指令 G94。在含有 G94 程序段后面，遇到 F 指令时，则认为 F 所指定的进给速度单位为 mm/min。G94 被执行一次后，系统保持 G94 状态，即使断电也不受影响，直到被 G95 取消为止。

4. 主轴转速功能

主轴转速功能主要用来指定主轴的转速，单位为 r/min。

(1) 恒线速度控制指令 G96。G96 是接通恒线速度控制的指令。系统执行 G96 指令后，S 后面的数值表示切削线速度。用恒线速度控制车削工件端面、锥度和圆弧时，由于 X 轴不断变化，故当刀具逐渐移近工件旋转中心时，主轴转速会越来越高，工件有可能从卡盘中飞出。为了防止事故，必须限制主轴转速，SIEMENS-802S 系统用 LIMS 来限制主轴转速(FANUC 系统用 G50 指令)。例如，G96 S200 LIMS=2500 表示切削速度是 200m/min，主轴转速限制在 2500r/min 以内。

(2) 主轴转速控制指令 G97。G97 是取消恒线速度控制的指令。系统执行 G97 指令后，S 后面的数值表示主轴每分钟的转数。例如，G97 S600 表示主轴转速为 600r/min，系统开机状态为 G97 状态。

5. 刀具功能

刀具功能主要用来指令数控系统进行选刀或换刀，SIEMENS-802S 系统用刀具号+刀补号的方法来进行选刀和换刀。例如，T2D2 表示选用 2 号刀具和 2 号刀补(FANUC 系统用 T0202 表示)。

6. 程序结构及传输格式

SIEMENS-802S 系统的加工程序，由程序名(号)、程序段(程序内容)和程序结束符三部分组成。SIEMENS-802S 系统的程序名由程序地址码 "%" 表示，开始的两个符号必须是字母，其后的符号可以是字母、数字或下划线，最多为 8 个字符，不得使用分隔符。例如，程序名 "%KG18"，其传输格式为

```
%__N__KG18__MPF;
$PATH=/__N__MPF__DIR;
```

2.4.3　FANUC 0-TD 数控系统功能介绍

数控机床加工中的动作在加工程序中用指令的方式事先予以规定，这类指令有准备功能 G、辅助功能 M、刀具功能 T、主轴转速功能 S 和进给功能 F 等。在不同类型的数控机床和数控系统中，同一 G 指令或同一 M 指令的含义不完全相同，甚至完全不同，例如，在 FANUC 0-TD 系统中 G90 代表单一形式固定循环指令，而在 FANUC 0-MD 系统中 G90 代表绝对值输入指令。因此，编程人员在编程前必须对使用的数控系统所有功能进行仔细研究，掌握每个指令的确切含义，以免发生错误。

1．准备功能

表 2-5 列出了 FANUC 0-TD 数控车床常用的准备功能指令。

表 2-5　FANUC 0-TD 系统常用准备功能 G 指令代码

G 指令	组　号	功　能	G 指令	组　号	功　能
*G00		快速点定位	G70		精车循环
G01		直线插补	G71		外圆粗车复合循环
G02	01	顺时针圆弧插补	G72		端面粗车复合循环
G03		逆时针圆弧插补	G73	00	固定形状粗加工复合循环
G04	00	暂停	G75		切槽循环
G20	02	英制尺寸	G76		螺纹切削复合循环
*G21		米制尺寸	G90		单一形状固定循环
G32	01	螺纹切削	G92	01	螺纹切削循环
*G40		取消刀具半径补偿	G94		端面切削循环
G41	07	刀尖圆弧半径左补偿	G96		恒速切削控制有效
G42		刀尖圆弧半径右补偿	*G97	02	恒速切削控制取消
G50	00	设定坐标系，设定主轴最高转速	G98		进给速度按每分钟设定
*G54～G59	14	工件坐标系选择	*G99	05	进给速度按每转设定

注：带☆记号的 G 指令表示接通电源时，即为该 G 指令的状态。00 组的 G 指令为非模态 G 指令，其他均为模态 G 指令。在编程时，G 指令中前面的 0 可以省略，G00、G01、G02、G03、G04 可简写为 G0、G1、G2、G3、G4。

2．辅助功能

表 2-6 列出了 FANUC 0-TD 数控车床系统常用的辅助功能指令。

表 2-6　FANUC 0-TD 系统常见辅助功能 M 指令代码

M 指令	功　能	M 指令	功　能
M00	程序暂停	M09	切削液(冷却液)关
M01	选择停止	M13	主轴正转，切削液(冷却液)开
M03	主轴正转	M14	主轴反转，切削液(冷却液)开
M04	主轴反转	M30	程序结束
M05	主轴停止	M98	调用子程序
M08	切削液(冷却液)开	M99	子程序结束，返回主程序

注：在编程时，M 指令中前面的 0 可省略，如 M00、M03 可简写为 M0、M3。

3. 进给功能

进给功能即 F 功能，指定进给速度。

(1) 每转进给 (G99)。系统开机状态为 G99 状态，只有输入 G98 指令后，G99 才被取消。在含有 G99 的程序段后面，在遇到 F 指令时，则认为 F 所指定的进给速度单位为 mm/r。

(2) 每分钟进给 (G98)。在含有 G98 的程序段后面，在遇到 F 指令时，则认为 F 所指定的进给速度单位为 mm/min。G98 一旦被执行后，系统将保持 G98 状态，直到被 G99 取消为止。

4. 刀具功能

刀具功能指令数控系统进行换刀。

在 FANUC 0-TD 系统中，采用 T2+2 的形式。例如，T0101 表示采用 1 号刀具和 1 号刀补。注意，在 SIEMENS-802S 系统中由于同一把刀具有许多个刀补，所以可采用 T1D1、T1D2、T2D1、T2D2 等；但在 FANUC 系统中，由于刀补存储是公用的，所以往往采用 T0101、T0202、T0303 等。

5. 主轴转速功能

主轴转速功能指定主轴转速或速度。

(1) 恒线速度控制 (G96)。G96 是恒线速度控制有效指令。系统执行 G96 指令后，S 后面的数值表示切削速度。例如，G96 S100 表示切削速度是 100m/min。

(2) 主轴转速控制 (G97)。G97 是恒速切削控制取消指令。系统执行 G97 后，S 后面的数值表示主轴每分钟的转数。例如，G97 S800 表示主轴转速为 800r/min。系统开机状态为 G97 状态。

(3) 主轴最高速度限定 (G50)。G50 除具有坐标系设定功能外，还有主轴最高转速设定功能，即用 S 指定的数值设定主轴每分钟的最高转速。例如，G50 S2000 表示主轴最高转速为 2000r/min。

用恒线速度控制加工端面、锥度和圆弧时，由于 X 坐标值不断变化，当刀具逐渐接近工件的旋转中心时，主轴转速会越来越高，工件有从卡盘飞出的危险，所以，为了防止事故的发生，有时必须限定主轴的最高转速。

第3章 数控车削编程

3.1 数控车削编程的基本知识

3.1.1 数控车床的坐标系

1. 坐标系的建立

为了简化程序的编制方法和保证程序的互换性，国际标准化组织对数控机床的坐标和方向制定了统一的标准。我国也颁布了 JB 3051—1982《工业自动化系统与集成机床数值控制坐标和运动命名》的标准(最新标准为 GB/T 19660—2005)。规定直线运动的坐标轴用 X、Y、Z 表示，围绕 X、Y、Z 轴旋转的圆周进给坐标轴分别用 A、B、C 表示。对各坐标轴及运动方向规定的内容和原则如下。

1) 刀具相对于静止工件而运动的原则

这一原则使编程人员不必考虑刀具移向工件，还是工件移向刀具，只需根据工件图样进行编程。并且永远假定工件是静止的，而刀具相对于静止的工件而运动。

2) 标准坐标系各坐标轴之间的关系

在机床上建立一个标准坐标系，以确定机床的运动方向和移动的距离，这个标准坐标系也称机床坐标系。机床坐标系中 X、Y、Z 轴的关系用右手直角笛卡儿原则确定，如图 3-1 所示。

图3-1中大拇指的指向为X轴的正方向，食指指向为 Y 轴的正方向，中指指向为 Z 轴的正方向。

围绕 X、Y、Z 轴旋转的圆周进给坐标轴分别用 A、B、C 表示，根据右手螺旋定则，以大拇指指向+X、+Y、+Z 方向，则食指、中指等的指向是圆周进给运动的+A、+B、+C 方向。

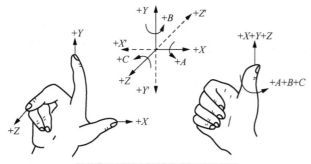

图 3-1 右手直角笛卡儿坐标系

3) 各坐标轴的确定

标准中规定：机床某一运动的正方向，是使刀具远离工件的方向。

(1) Z 轴及其运动方向。平行于机床主轴的刀具运动为 Z 坐标。对于车床、磨床等主轴带动工件旋转，对于铣床、钻床、镗床等主轴带动刀具旋转，则与主轴平行的坐标轴即为 Z 坐标。如果机床没有主轴(如牛头刨床、龙门刨床等)，则选择垂直于工件安装基面的方向为 Z 坐标。Z 轴的正方向为刀具远离工件的方向。

(2) X 轴及其运动方向。X 轴为水平方向，且垂直于 Z 轴并平行于工件的装夹平面。对于车床、磨床等工件旋转的机床，取平行于横向滑座的方向(工件径向)为 X 坐标。+X 仍为刀具远离工件的方向。

(3) Y 轴及其运动方向。Y 轴垂直于 X、Z 坐标。当 $+X$、$+Z$ 确定以后，按照右手笛卡儿法则即可确定 $+Y$ 的方向。对于卧式车床，由于车刀刀尖安装于工件中心平面上，不需要垂直方向的运动，所以不需规定 Y 轴。

2．工件坐标系与编程原点

为了方便编程，首先要在零件图上适当地选定一个编程原点，并以这个点作为坐标系的原点建立一个新的坐标系，称编程坐标系或工件坐标系。工件坐标系的原点选择要尽量满足编程简单、尺寸换算少、引起的加工误差小等条件。一般情况下，编程原点应选在尺寸标注的基准或定位基准上。对车床编程而言，工件坐标系原点一般选在工件轴线与工件的前端面、后端面、卡爪前端面的交点上。

工件坐标系一旦建立便一直有效，直到被新的工件坐标系所取代。

3.1.2 编程方式的选择

1．绝对坐标方式与增量(相对)坐标方式

(1) 绝对坐标系。所有坐标点的坐标值均从编程原点计算的坐标系，称为绝对坐标系。

(2) 增量坐标系。坐标系中的坐标值是相对刀具前一位置(或起点)来计算的，称为增量(相对)坐标。增量坐标常用 U、W 表示，分别与 X、Z 轴平行且同向。

【例 3-1】 如图 3-2 所示，O 为坐标原点，A 点相对 B 点的增量坐标为 (U, W)，其中 $U=D_3-D_2$，$W=-(L_2-L_1)$。

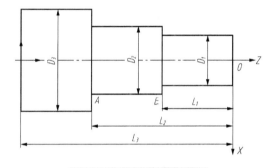

2．直径编程与半径编程

在数控车削中，X 坐标值有两种表示方法，即直径编程和半径编程。

图 3-2 绝对坐标系示意图

(1) 直径编程。在绝对坐标方式编程中，X 值为零件的直径值；增量坐标方式编程中，X 为刀具径向实际位移的两倍。由于零件在图样上的标注及测量多为直径表示，所以大多数数控车削系统采用直径编程。

(2) 半径编程，即 X 值为零件半径值或刀具实际位移量。

3.1.3 数控车削加工中的对刀点、换刀点及刀位点的确定

1．对刀点

对刀点是指在数控机床上加工零件时，刀具相对工件运动的起点，也是程序的起点，在确定时应遵循如下原则。

(1) 对刀点必须与零件的定位基准有一定的尺寸关系，以便确定机床坐标系与工件坐标系的关系。

(2) 对刀点应尽量选在零件的设计基准或工艺基准上，以利于提高加工精度，如以孔定位加工的零件，就可以选择孔的中心作为对刀点。

(3) 对刀点应选在机床上容易找正，加工中便于检查的地方。

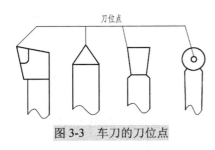

图 3-3　车刀的刀位点

2. 换刀点

换刀点是指刀架转位换刀的位置。换刀点应设在零件或夹具的外部，以刀架转位时不碰零件及其他部件为准。

3. 刀位点

刀位点是指在加工程序编制中，用于表示刀具位置的点。各类车刀的刀位点如图 3-3 所示。每把刀的刀位点在整个加工中只能有一个位置。

3.2　零件程序的结构

一个零件程序是一组被传送到数控装置中去的指令和数据。

3.2.1　程序的结构和文件名

1. 程序的结构

一个零件程序是由遵循一定结构、句法和格式规则的若干个程序段组成的，而每个程序段是由若干个指令字组成的，如图 3-4 所示。一个完整的程序是由程序开始、程序内容和程序结束 3 部分组成的。

（1）程序开始。用 O、P 或%表示程序的开始（不同的数控系统有所不同），随后写上该程序的编号。

（2）程序内容。程序内容为程序的核心部分，主要用来表示数控机床要完成的全部动作。程序内容由若干程序段组成，每个程序段由若干指令字组成，每个指令字又由地址码和若干个数字组成。

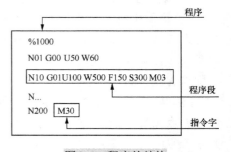

图 3-4　程序的结构

（3）程序结束。常以程序结束指令 M02 或 M30 构成最后的程序段，表示该程序运行结束。一个零件程序必须包括起始符和结束符。

一个零件程序是按程序段的输入顺序执行的，而不是按程序段号的顺序执行的，但书写程序时，建议按升序书写程序段号。

2. 程序的文件名

CNC 装置可以装入许多程序文件，以磁盘文件的方式读写。

FANUC 系统的程序名以 O 开头，华中系统的文件名以%开头（地址 O 或%后面可以有几位数字或字母）。

应该注意，华中系统通过调用文件名来调用程序，进行加工或编辑。

3.2.2　程序段与指令字的格式

1. 程序段的格式

程序段格式是指一个程序段中的字、字符和数据的书写规则。常使用的是字地址可变程序段格式，它由程序段号字、数据字和程序段结束符组成，如图 3-5 所示。该格式的特点是对一个程序段中字的排列顺序要求不严格，数据的位数可多可少，与上一个程序段相同的字可以不写。

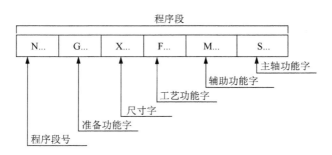

图 3-5　程序段格式

2. 指令字的格式

一个指令字是由地址符(指令字符)和带符号(如定义尺寸的字)或不带符号(如准备功能字 G 代码)的数字数据组成的。

程序段中不同的指令字符及其后续数值确定了每个指令字的含义。在数控程序段中包含的主要指令字符见表 3-1。

表 3-1　程序段中各字说明

机　能	地　址	意　义
零件程序号	%或 O	程序编号
程序段号	N	程序段编号,由地址码和后面的若干位数字表示
准备功能字	G	G 功能是控制数控机床进行操作的指令,用地址符 G 和两位数字表示
尺寸字	X, Y, Z A, B, C U, V, W	尺寸字由地址码、"+""−"符号及绝对值数字构成
	R	圆弧的半径
	I, J, K	圆心相对于起点的坐标
进给速度	F	表示刀具中心运动时的进给量,由地址符 F 和后面若干位数字构成,其单位是 mm/r 或 mm/min
主轴转速功能字	S	由地址码 S 和若干位数字组成
刀具功能	T	表示刀具所处的位置,由地址码 T 和若干位数字组成
辅助功能	M	表示一些机床的辅助动作指令,由地址码 M 和若干位数字组成
补偿号	D	刀具半径补偿号的指定
暂停	P, X	暂停时间的指定
程序号的指定	P	子程序号的指定

3.3　辅助功能 M 代码

3.3.1　概述

辅助功能由地址字 M 和其后的一或两位数字组成,主要用于控制零件程序的走向,以及机床各种辅助功能的开关动作。

M 功能有非模态 M 功能和模态 M 功能两种形式。

(1)非模态 M 功能(当段有效代码)：只在书写了该代码的程序段中有效。

(2)模态 M 功能(续效代码)：一组可相互注销的 M 功能，这些功能在被同一组的另一个功能注销前一直有效。

模态 M 功能组中包含一个默认功能，系统上电时将被初始化为该功能。

另外，M 功能还可分为前作用 M 功能和后作用 M 功能两类。

(1)前作用 M 功能：在程序段编制的轴运动之前执行。

(2)后作用 M 功能：在程序段编制的轴运动之后执行。

3.3.2　CNC 内定的辅助功能

CNC 内定的辅助功能，即控制零件程序走向的辅助功能。

1. 程序暂停 M00

当 CNC 执行到 M00 指令时，将暂停执行当前程序，以方便操作者进行刀具更换和工件的尺寸测量、工件调头、手动变速等操作。

暂停时，机床的进给停止，而全部现存的模态信息保持不变，欲继续执行后续程序，重按操作面板上的"循环启动"键。

M00 为非模态后作用 M 功能。

2. 程序结束 M02

M02 一般放在主程序的最后一个程序段中。

当 CNC 执行到 M02 指令时，机床的主轴、进给、冷却液全部停止，加工结束。

使用 M02 的程序结束后，若要重新执行该程序，就得重新调用该程序，或在自动加工子菜单下按子菜单 F4 键，然后再按操作面板上的"循环启动"键。

M02 为非模态后作用 M 功能。

3. 程序结束并返回到零件程序头 M30

M30 和 M02 功能基本相同，只是 M30 指令还兼有控制返回到零件程序头(%或 O)的作用。

使用 M30 的程序结束后，若要重新执行该程序，只需再次按操作面板上的"循环启动"键。

4. 子程序调用 M98 及从子程序返回 M99

M98 用来调用子程序。

M99 表示子程序结束，执行 M99 使控制返回到主程序。

3.3.3　PLC 设定的辅助功能

PLC 设定的辅助功能，即与机床上的各种开关动作相对应的辅助功能。

1. 控制指令 M03、M04、M05、M19

M03 启动主轴以程序中编制的主轴速度顺时针方向(从 Z 轴正向朝 Z 轴负向看)旋转。

M04 启动主轴以程序中编制的主轴速度逆时针方向旋转。

M05 使主轴停止旋转。

M19 为主轴停止在预定的角度位置上。

M03、M04 为模态前作用 M 功能；M05 为模态后作用 M 功能，M05 为默认功能。

M03、M04、M05 可相互注销。

2. 换刀指令 M06

数控机床换刀过程可分为换刀和选刀两类动作。把刀具从主轴上取下，换上所选好的刀，称为换刀，这时用 M06 指令。将主轴取下的刀具放回刀库，并从刀库中选取下次要换的刀具，选刀要用 T 功能指令。

3. 冷却液打开、停止指令 M07、M08、M09

M07 指令将打开 2 号切削液（即雾状切削液开），M08 指令将打开 1 号切削液（即液状切削液开）。

M09 指令将关闭冷却液管道。

M07、M08 为模态前作用 M 功能；M09 为模态后作用 M 功能，M09 为默认功能。

3.4　主轴功能 S、进给功能 F 和刀具功能 T

3.4.1　主轴功能 S

主轴功能 S 用来指定主轴的转速（转向由 M 指令指定），其后的数值表示主轴速度，单位为 r/min。

恒线速度功能时 S 指定切削线速度，其后的数值单位为 m/min（G96 恒线速度有效、G97 取消恒线速度，该指令的应用将在后面详细讲解）。

S 是模态指令，S 功能只有在主轴速度可调节时有效。

在数控机床的控制面板上，也有一个主轴倍率开关，可以用来对主轴进行修调，修调范围为 5%～120%。

3.4.2　进给功能 F

F 指令表示工件被加工时刀具相对于工件的合成进给速度，在车床上加工时，F 的单位可分为每分钟进给量（mm/min）或主轴每转一转刀具的进给量（mm/r）。

使用下式可以实现每转进给量与每分钟进给量的转化：

$$f_m = f_r S$$

式中，f_m 为每分钟的进给量，mm/min；f_r 为每转进给量，mm/r；S 为主轴转速，r/min。

华中系统默认为每分钟进给量（mm/min）；FANUC 0i Mate 系统默认为每转进给量，即主轴每转一转刀具的进给量（mm/r）。

注意：

(1) 当使用每转进给量方式时，必须在主轴上安装一个位置编码器。

(2) 直径编程时，X 轴方向的进给速度为：半径的变化量/分、半径的变化量/转。

3.4.3　刀具功能 T

T 代码用于选刀，其后的 4 位数字分别表示选择的刀具号和刀具补偿号。

T 代码与刀具的关系是由机床制造厂规定的。执行 T 指令，转动转塔刀架，选用指定的刀具。

当一个程序段同时包含 T 代码与刀具移动指令时，先执行 T 代码指令，而后执行刀具移动指令。

T 指令同时调入刀补寄存器中的补偿值。

例如，T0101 表示调用 1 号刀具，并调入 1 号刀补寄存器中的补偿值；T0100 表示取消 1 号刀具的补偿值。

3.5　准备功能 G 代码

3.5.1　概述

准备功能 G 指令由 G 后一或两位数值组成，它用来规定刀具和工件的相对运动轨迹、机床坐标系、坐标平面、刀具补偿、坐标偏置等多种加工操作。

G 功能根据功能的不同分成若干组，其中 00 组的 G 功能称非模态 G 功能，其余组的称模态 G 功能。

（1）非模态 G 功能：只在所规定的程序段中有效，程序段结束时被注销。

（2）模态 G 功能：一组可相互注销的 G 功能，这些功能一旦被执行，则一直有效，直到被同一组的 G 功能注销为止。

模态 G 功能组中包含一个默认 G 功能，上电时将被初始化为该功能。没有共同地址符的不同组 G 代码可以放在同一程序段中，而且与顺序无关。G 功能指令见表 3-2 和表 3-3。

表 3-2　华中 HNC-21/22T 数控装置准备功能

	G 指令	组号	功　　能	参数（后续地址字）
▶	G00 G01 G02 G03	01	快速定位 直线插补 顺圆插补 逆圆插补	X，Z X，Z X，Z，I，K，R X，Z，I，K，R
	G04	00	暂停	P
▶	G20 G21	08	英制输入 公制输入	X，Z X，Z
	G28 G29	00	返回参考点 由参考点返回	
	G32	01	螺纹切削	X，Z，R，E，P，F
▶	G36 G37	17	直径编程 半径编程	
▶	G40 G41 G42	09	刀尖半径补偿取消 左刀补 右刀补	 T T
▶	G54 G55 G56 G57 G58 G59	11	坐标系选择	

续表

G 指令	组号	功 能	参数(后续地址字)
G65		宏指令简单调用	P, A~Z
G71		外径/内径车削复合循环	
G72		端面车削复合循环	
G73		闭环车削复合循环	X, Z, U, W, C, P, Q, R, E
G76	06	螺纹切削复合循环	
G80		外径/内径车削固定循环	
G81		端面车削固定循环	X, Z, I, K, C, P, R, E
G82		螺纹切削固定循环	
▶ G90	13	绝对编程	
G91		相对编程	
G92	00	工件坐标系设定	X, Z
▶ G94	14	每分钟进给	
G95		每转进给	
G96	16	恒线速度切削	S
▶ G97			

注：标有▶记号的 G 指令代码为默认值。

表 3-3　FANUC 0i Mate 系统常用准备功能

G 指令	组 号	功 能	G 指令	组 号	功 能
G00	01	快速点定位	G70	00	精车循环
G01		直线插补	G71		内/外圆粗车复合循环
G02		顺时针圆弧插补	G72		端面粗车复合循环
G03		逆时针圆弧插补	G73		固定形状粗加工复合循环
G04	00	暂停	G75		Z 向切槽循环
G20	02	英制尺寸	G76		螺纹切削复合循环
G21		公制尺寸	G90	01	单一形状固定循环
G32	01	螺纹切削	G92		螺纹切削循环
*G40	07	取消刀具半径补偿	G94		端面切削循环
G41		刀尖圆弧半径左补偿	G96	02	恒速切削控制有效
G42		刀尖圆弧半径右补偿	*G97		恒速切削控制取消
G50	00	设定坐标系,设定主轴最高转速	G98	05	进给速度按每分钟设定
*G54~G59	14	工件坐标系选择	*G99		进给速度按每转设定

注：标有☆记号的 G 指令代码为默认值。

3.5.2　有关单位设定的 G 功能

1. 尺寸单位选择 G20 和 G21

1)格式

```
G20
G21
```

2)说明

(1)G20 为英制输入制式，G21 为公制输入制式。

(2)两种制式下线性轴、旋转轴的尺寸单位见表 3-4。

表 3-4　尺寸输入制式及其单位

尺寸单位	线性轴	旋转轴
英制(G20)	英寸	度
公制(G21)	毫米	度

（3）G20、G21 为模态功能，可相互注销，G21 为默认值。

2. 进给速度单位的设定

1）格式

华中系统：

　G94　F＿＿＿＿

　G95　F＿＿＿＿

FANUC 系统：

　G98　F＿＿＿；

　G99　F＿＿＿；

2）说明

（1）G94（或 G98）为每分钟进给。对于线性轴，F 的单位依 G20/G21 设定为 mm/min 或 in/min；对于旋转轴，F 的单位为(°)/min。

（2）G95（或 G99）为每转进给，即主轴转一周时刀具的进给量。F 的单位依 G20/G21 设定为 mm/r 或 in/r。这个功能只在主轴装有编码器时才能使用。

（3）G94、G95（或 G98、G99）为模态功能，可相互注销。其中 G94（或 G99）为默认状态。

3.5.3　直径方式和半径方式编程

1）格式

　G36

　G37

2）说明

数控车床的工件外形通常是旋转体,其 X 轴尺寸可以用两种方式加以指定:直径方式(G36)和半径方式(G37)。G36 为默认值，机床出厂一般设为直径编程。

【例 3-2】　如图 3-6 所示，毛坯材料直径为 $\phi70\text{mm}$。分别用直径、半径方式确定基点 1、2、3 的位置坐标。

在图 3-6 所示的工件坐标系中，用直径方式确定各点的坐标分别如下：

点 1（$X_1=20$，$Z_1=210$）；

点 2（$X_2=50$，$Z_2=50$）；

点 3（$X_3=70$，$Z_3=50$）。

用半径方式确定各点的坐标分别如下：

点 1（$X_1=10$，$Z_1=210$）；

点 2（$X_2=25$，$Z_2=50$）；

点 3（$X_3=35$，$Z_3=50$）。

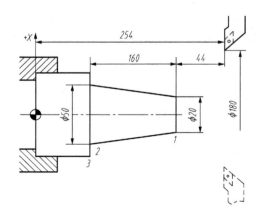

图 3-6　直径方式和半径方式确定各点坐标实例

3.5.4 有关坐标系和坐标的 G 功能

1) 格式

```
G90
G91
```

2) 说明

(1) G90 为绝对值编程，每个编程坐标轴上的编程值是相对于程序原点的。

(2) G91 为相对值编程，每个编程坐标轴上的编程值是相对于前一位置而言的，该值等于沿轴移动的距离。

(3) 绝对编程时，用 G90 指令后面的 X、Z 表示 X 轴、Z 轴的坐标值。

(4) 增量编程时，用 U、W 或 G91 指令后面的 X、Z 表示 X 轴、Z 轴的增量值。

(5) 其中表示增量的字符 U、W 不能用于循环指令 G80、G81、G82、G71、G72、G73、G76 程序段中，但可用于定义精加工轮廓的程序中。G90、G91 为模态功能，可相互注销，G90 为默认值。

【例 3-3】 如图 3-7 所示，分别用 G90、G91 方式确定刀具由原点按顺序移动到点 1、2、3 的位置坐标。

G90 方式：

点 1($X=15$，$Z=20$)；

点 2($X=45$，$Z=40$)；

点 3($X=25$，$Z=60$)。

增量方式：

点 1($U=15$，$W=20$) 或 G91 X15 Z20；

点 2($U=30$，$W=20$) 或 G91 X30 Z20；

点 3($U=-20$，$W=20$) 或 G91 X-20 Z20；

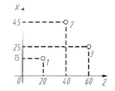

图 3-7 坐标点计算实例

3.5.5 进给控制指令 (G00/G01/G02/G03)

1. 快速定位 G00

1) 格式

```
G00  X(U)____ Z(W)____
```

2) 说明

(1) 绝对编程时，X、Z 为快速定位终点在工件坐标系中的坐标。

(2) 增量编程时，U、W 为快速定位终点相对于起点的位移量。

(3) G00 指令刀具相对于工件以各轴预先设定的速度，从当前位置快速移动到程序段指令的定位目标点。

(4) G00 指令中的快移速度由机床参数"快移进给速度"对各轴分别设定，不能用 F 指令规定。

(5) G00 一般用于加工前快速定位或加工后快速退刀。

(6) 快移速度可由面板上的快速修调按钮修正。

(7) G00 为模态功能，可由 G01、G02、G03 或 G32 功能注销。

注意：在执行 G00 指令时，由于各轴以各自速度移动，不能保证各轴同时到达终点，因而联动直线轴的合成轨迹不一定是直线。操作者必须格外小心，以免刀具与工件发生碰撞。常见的做法是将 X 轴移动到安全位置，再放心地执行 G00 指令。

2. 直线进给 G01

1）格式

```
G01  X(U) ____  Z(W) ____  F____
```

2）说明

（1）X、Z 为绝对编程时终点在工件坐标系中的坐标。

（2）U、W 为增量编程时终点相对于起点的位移量。

（3）F 为合成进给速度。

（4）G01 指令刀具以联动的方式，按 F 代码规定的合成进给速度，从当前位置按线性路线（联动直线轴的合成轨迹为直线）移动到程序段指令的终点。

（5）G01 是模态代码，可由 G00、G02、G03 或 G32 功能注销。

【例 3-4】 用完整程序的格式编写图 3-8 所示零件的精加工轨迹（应用 G00 与 G01 指令）。

```
%1002
T0101
M03 S600
G00 X32 Z2
G00 X0
G01 Z0 F80
X8
X10 Z-1
Z-10
X14
X16 Z-11
Z-20
X20
X22 Z-21
Z-30
X26
X28 Z-31
Z-40
G00 X100
Z100
M30
```

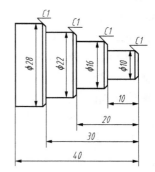

图 3-8　G00 与 G01 指令应用实例

3. 圆弧插补 G02/G03

1）功能

G02/G03 指令，刀具按顺时针/逆时针进行圆弧加工，其中 G02 为顺时针圆弧插补，G03 为逆时针圆弧插补。

2)格式

$$\begin{Bmatrix} G02 \\ G03 \end{Bmatrix} X(U) \underline{\quad} Z(W) \underline{\quad} \begin{Bmatrix} I\underline{\quad} K\underline{\quad} \\ R\underline{\quad} \end{Bmatrix} F\underline{\quad}$$

3)说明

(1)X、Z 为绝对编程时，圆弧终点在工件坐标系中的坐标。

(2)U、W 为增量编程时，圆弧终点相对于圆弧起点的位移量。

(3)I、K 为圆心相对于圆弧起点的增加量，在绝对、增量编程时都是以增量方式指定，在直径、半径编程时 I 都是半径值。

(4)R 为圆弧半径。

(5)F 为被编程的两个轴的合成进给速度。

G02/G03 的参数说明见图 3-9。

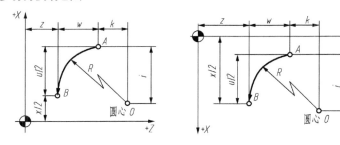

图 3-9　G02/G03 参数说明

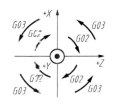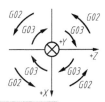

图 3-10　G02/G03 插补方向

4)圆弧顺逆方向的判定

圆弧插补 G02/G03 的判断，是在加工平面内（即观察者迎着 Y 轴的指向，所面对的平面），根据其插补时的旋转方向，若为顺时针则为 G02，若为逆时针则为 G03，如图 3-10 所示。

注意：

(1)顺时针或逆时针是从垂直于圆弧所在平面的坐标轴的正方向看到的回转方向；

(2)同时编入 R 与 I、K 时，R 有效。

【例 3-5】　用完整程序的格式编制图 3-11 所示手柄的精加工程序。

```
%1001
T0101
M03 S400
G00 X32 Z2
X0
G01 Z0 F60 S800
G03 X11.8 Z-3.8 R6.4
X17 Z-35.8 R48
G02 X20 Z-58.8 R32
G01 Z-68.8
G00 X100
Z100
M30
```

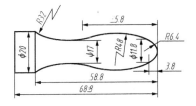

图 3-11　G02 与 G03 指令应用实例 1

【例 3-6】 用圆弧插补指令编写图 3-12 所示工件的
精加工程序。

```
%1001
N1 T0101
N2 M03 S400        (主轴以 400r/min 旋转)
N3 G00 X40 Z5      (快速点定位)
N4 G00 X0          (到达工件中心)
N5 G01 Z0 F60      (工进接触工件毛坯)
N6 G03 U24 W-24 R15  (加工 R15mm 圆弧段)
N7 G02 X26 Z-31 R5   (加工 R5mm 圆弧段)
N8 G01 Z-40        (加工 φ26mm 外圆)
N9 X40 Z5          (回对刀点)
N10 M30            (主轴停、主程序结束并复位)
```

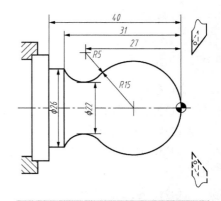

图 3-12　G02 与 G03 指令应用实例 2

3.5.6　倒角加工指令

1. 直线后倒直角

1)格式

G01 X(U) ＿＿＿ Z(W) ＿＿＿ C＿＿＿

2)说明

(1)X、Z 为绝对编程时,未倒角前两相邻程序段轨迹的交点 G 的坐标值,如图 3-13 所示。

(2)U、W 为增量编程时,G 点相对于起始直线轨迹的始点 A 的移动距离。

(3)C 为倒角终点 C 对于相邻两直线的交点 G 的距离。

(4)该指令用于直线后倒直角,指令刀具从 A 点到 B 点,然后到 C 点,如图 3-13 所示。

2. 直线后倒圆角

1)格式

G01 X(U) ＿＿＿ Z(W) ＿＿＿ R ＿＿＿

2)说明

(1)X、Z 为绝对编程时,未倒角前两相邻程序段轨迹的交点 G 的坐标值,如图 3-14 所示。

(2)U、W 为增量编程时,G 点相对于起始直线轨迹的始点 A 的移动距离。

(3)R 为倒角圆弧的半径值。

该指令用于直线后倒圆角,指令刀具从 A 点到 B 点,然后到 C 点,如图 3-14 所示。

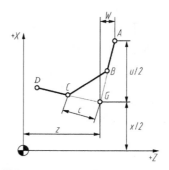

图 3-13　直线后倒直角参数说明

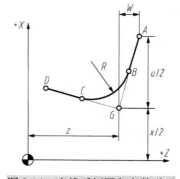

图 3-14　直线后倒圆角参数说明

3．圆弧后倒直角

1）格式

$$\begin{cases}G02\\G03\end{cases} \quad X(U)\underline{\quad\quad} Z(W)\underline{\quad\quad} R\underline{\quad\quad} RL=\underline{\quad\quad}$$

2）说明

(1)X、Z 为绝对编程时，未倒角前圆弧终点 G 的坐标值，如图 3-15 所示。

(2)U、W 为增量编程时，G 点相对于圆弧始点 A 的移动距离。

(3)R 为圆弧的半径值。

(4)RL 为倒角终点 C 相对于未倒角前圆弧终点 G 的距离。

该指令用于圆弧后倒直角，指令刀具从 A 点到 B 点，然后到 C 点，如图 3-15 所示。

4．圆弧后倒圆角

1）格式

$$\begin{cases}G02\\G03\end{cases} \quad X(U)\underline{\quad\quad} Z(W)\underline{\quad\quad} R\underline{\quad\quad} RC=\underline{\quad\quad}$$

2）说明

(1)X、Z 为绝对编程时，未倒角前圆弧终点 G 的坐标值，如图 3-16 所示。

(2)U、W 为增量编程时，G 点相对于圆弧始点 A 的移动距离。

(3)R 为圆弧的半径值。

(4)RC=为倒角圆弧的半径值。

该指令用于圆弧后倒圆角，指令刀具从 A 点到 B 点，然后到 C 点，如图 3-16 所示。

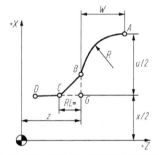
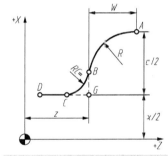

图 3-15　圆弧后倒直角参数说明　　　　　图 3-16　圆弧后倒圆角参数说明

【例 3-7】　零件如图 3-17 所示，用倒角指令编程。

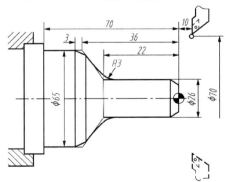

图 3-17　倒角编程实例 1

```
%3310
N10 T0101                    (选择 1 号刀具)
N20 M03 S600                 (主轴正转,转速为 600r/min)
N30 G00 X70 Z10              (快速点定位,定义对刀点的位置)
N40 G00 U-70 W-10            (从编程规划起点,移到工件前端面中心处)
N50 G01 U26 C3 F100          (倒 3×45°的直角)
N60 W-22 R3                  (倒 R3mm 圆角)
N70 U39 W-14 C3              (倒边长为 3 的等腰直角)
N80 W-31                     (加工ϕ65mm 外圆)
N90 G00 U5 W80               (回到编程起点)
M30                          (主轴停,主程序结束并复位)
```

【例3-8】 零件如图 3-18 所示,用倒角指令编程。

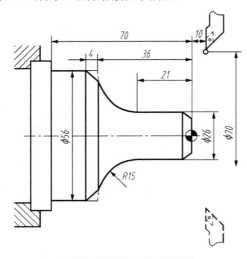

图 3-18 倒角编程实例 2

```
%3310
N10 T0101                    (选择 1 号刀具)
N20 M03 S600                 (主轴正转,转速为 600r/min)
N30 G92 X70 Z10              (快速点定位)
N40 G00 X0 Z4                (到工件中心)
N50 G01 W-4 F100             (工进接触工件)
N60 X26 C3                   (倒 3×45°的直角)
N70 Z-21                     (加工ϕ26mm 外圆)
N80 G02 U30 W-15 R15 RL=3    (加工 R15mm 圆弧,并倒边长为 4mm 的直角)
N90 G01 Z-70                 (加工ϕ56mm 外圆)
N110 G00 U10                 (退刀,离开工件)
N120 X70 Z10                 (返回程序起点位置)
M30                          (主轴停,主程序结束并复位)
```

5. 倒角注意事项

(1)在螺纹切削程序段中不得出现倒角控制指令。

(2)X, Z 轴指定的移动量比指定的 R 或 C 小时,系统将报警,即 GA 长度必须大于 GB 长度,如图 3-13～图 3-16 所示。

(3)程序中的 RL=与 RC=必须大写。

3.5.7 内、外径车削循环指令

1. 圆柱面内(外)径切削循环指令

1)格式

华中系统：G80 X _____ Z _____ F _____

FANUC 系统：G90 X _____ Z _____ F _____；

2)说明

X、Z：绝对值编程时，为切削终点 C 在工件坐标系下的坐标，如图 3-19 所示；增量值编程时，为切削终点 C 相对于循环起点 A 的有向距离，图形中用 U、W 表示，其符号由轨迹 1 和 2 的方向确定。

该指令执行如图 3-19 中 $A \rightarrow B \rightarrow C \rightarrow D \rightarrow A$ 的轨迹动作所示。

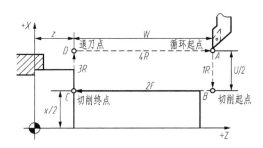

图 3-19 圆柱面内(外)径切削循环

2. 圆锥面内(外)径切削循环指令

1)格式

华中系统：G80 X _____ Z _____ I _____ F _____

FANUC 系统：G90 X _____ Z _____ I _____ F _____；

2)说明

(1)X、Z：绝对值编程时，为切削终点 C 在工件坐标系下的坐标，如图 3-20 所示；增量值编程时，为切削终点 C 相对于循环起点 A 的有向距离，图形中用 u、w 表示。

(2)I 为切削起点 B 与切削终点 C 的半径差，其符号为差的符号(无论绝对值编程还是增量值编程)。

该指令执行如图 3-20 中 $A \rightarrow B \rightarrow C \rightarrow D \rightarrow A$ 的轨迹动作所示。

【例 3-9】 零件如图 3-21 所示，用 G80 或 G90 指令编程，点画线代表毛坯。

```
%3317
T0101
M03 S400                        (主轴以 400r/min 的速度旋转)
G91 G80 X-10 Z-33 I-5.5 F100    (加工第一次循环，吃刀深 3mm)
X-13 Z-33 I-5.5                 (加工第二次循环，吃刀深 3mm)
X-16 Z-33 I-5.5                 (加工第三次循环，吃刀深 3mm)
M30                             (主轴停、主程序结束并复位)
```

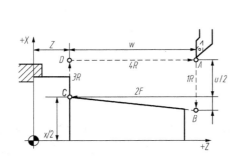

图 3-20　圆锥面内(外)径切削循环

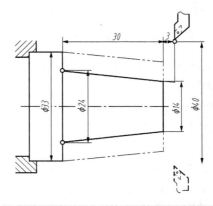

图 3-21　G80/G90 切削循环指令编程实例

3. 内(外)径切削复合循环指令 G71

1) G71 指令的功能

执行 G71 指令时，只需要指定精加工的路径，系统会自动计算出粗加工的走刀路径和走刀次数。

2) G71 指令的走刀路径

G71 指令执行图 3-22 所示的粗加工和精加工，其中精加工路径为 $A \rightarrow A' \rightarrow B' \rightarrow B$。

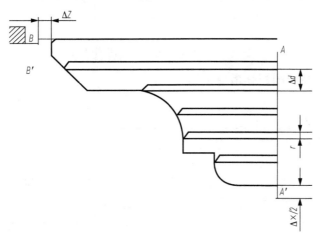

图 3-22　G71 指令切削循环

3) 华中系统 G71 指令的格式

G71 U(Δd) R(r) P(n_s) Q(n_f) X(Δx) Z(Δz) F(f) S(s) T(t)

说明：(1) Δd 为切削深度(半径值)。

(2) r 为每次退刀量(半径值)。

(3) n_s 为精加工路径第一程序段的顺序号。

(4) n_f 为精加工路径最后程序段的顺序号。

(5) Δx 为 X 方向精加工余量。

(6) Δz 为 Z 方向精加工余量。

（7）f、s、t 为粗加工时 G71 中编程的 F、S、T 代码有效，而精加工时处于 n_s 到 n_f 程序段之间的 F、S、T 代码有效。

4）FANUC 系统 G71 指令的格式

G71 U(Δd) R(r);
G71 P(n_s) Q(n_f)U(Δx) W(Δz) F(f) S(s) T(t);

说明：（1）Δd 为切削深度（每次切削量），指定时不加符号，方向由矢量 AA' 决定。

（2）r 为每次退刀量。

（3）n_s 为精加工路径第一程序段（即图中的 AA'）的顺序号。

（4）n_f 为精加工路径最后程序段（即图中的 $B'B$）的顺序号。

（5）Δx 为 X 方向精加工余量。

（6）Δz 为 Z 方向精加工余量。

（7）f、s、t 为粗加工时 G71 中编程的 F、S、T 代码有效，而精加工时处于 n_s 到 n_f 程序段之间的 F、S、T 代码有效。

说明：在 FANUC 系统中，用 G71 对工件进行粗加工，进行精加工时，必须用指令 G70 切除 G71 或 G73 指令粗加工后留下的加工余量。指令格式为

G70 Pn_s Qn_f;

其中，n_s 为指定精加工路线的第一个程序段的段号；n_f 为指定精加工路线的最后一个程序段的段号。

5）G71 指令使用注意事项

（1）G71 指令是循环指令，在 G71 的前一个程序段用 G00 来设定循环起点。此时的 G00 有三项功能：首先，快速点定位，使刀具在加工前快速接近工件；其次，G00 X__ Z__ 中 X 数值通常比毛坯尺寸大 1～2mm，机床会得到直径为 X 数值的毛坯直径；最后，G00 指令为循环指令 G71 的循环起点。作为循环指令，在使用前，必须要设定循环起点，否则，该指令将无法应用。

（2）G71 指令必须带有 P、Q 地址 n_s、n_f，且与精加工路径起、止顺序号对应，否则不能进行该循环加工。

（3）n_s 的程序段必须为 G00/G01 指令，即从 A 到 A' 的动作必须是直线或点定位运动。

（4）在顺序号为 n_s 到顺序号为 n_f 的程序段中，不应包含子程序。

【例 3-10】　分别用两种系统编写图 3-23 所示零件的加工程序。

华中系统数控程序如下：

```
%1001
T0101
M03 S400
G00 X47 Z2
G71 U2 R1 P1 Q2 X0.8 Z0.1 F80
N1 G00 X0
G01 Z0 F60 S800
G01 X19.985 C1
Z-4
X29.985 C1
Z-30
X39.98 C1
```

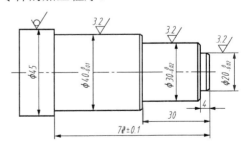

图 3-23　G71 指令编程实例 1

```
Z-70
N2 U2
G00 X100
Z100
M30
```

FANUC 系统数控程序如下：

```
O1001;
T0101;
M03 S400;
G00 X47. Z2.;
G71 U2. R1.;
G71 P1 Q2 U0.8 W0.1 F0.2;
N1 G00 X0;
G01 Z0 F0.1 S800;
G01 X19.985 C1.;
Z-4.;
X29.985 C1.;
Z-30.;
X39.98 C1.;
Z-70.;
N2 U2.;
G70 P1 Q2;
G00 X100.;
Z100.;
M30;
```

【例 3-11】　编写图 3-24 所示的加工程序。

```
%1001
T0101
M03 S400
G00 X32 Z2
G71 U2 R1 P1 Q2 X0.8 Z0.1 F80
N1 G00 X0
G01 Z0 F60 S800
G03 X11.8 Z-3.8 R6.4
X17 Z-35.8 R48
G02 X20 Z-58.8 R32
G01 Z-68.8
N2 U2
G00 X100
Z100
M30
```

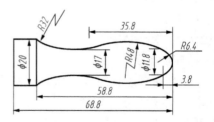

图 3-24　G71 指令编程实例 2

4. 固定形状粗车循环指令 G73

1)功能

G73 指令只需指定粗加工循环次数、精加工余量和精加工路线，系统会自动算出粗加工的背吃刀量，给出粗加工路线，完成各外圆柱面的粗加工。

2）G73 指令的走刀路径

G73 指令的走刀轨迹如图 3-25 所示。

3）G73 的指令格式

（1）华中系统：

G73 U(ΔI) W(ΔK) R(r) P(n_s) Q(n_f) X(Δx) Z(Δz) F(f) S(s) T(t)

（2）FANUC 系统：

G73 U(ΔI) W(ΔK) R(r);

G73 P(n_s) Q(n_f) U(Δx) W(Δz) F(f) S(s) T(t);

4）说明

（1）ΔI 为 X 方向的总退刀量（X 方向的粗加工余量，半径值）。

（2）ΔK 为 Z 方向的总退刀量（Z 方向的粗加工余量）。

（3）r 为粗加工的次数。

（4）n_s 为精加工路径第一程序段的顺序号。

（5）n_f 为精加工路径最后程序段的顺序号。

（6）Δx 为 X 方向精加工余量。

（7）Δz 为 Z 方向精加工余量。

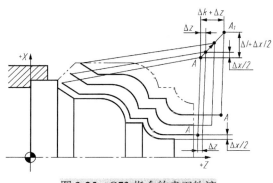

图 3-25　G73 指令的走刀轨迹

G73 指令适用于粗车轮廓形状与零件轮廓形状基本接近的毛坯，如铸造、锻造类毛坯，可进行高效率切削。

【例 3-12】　零件如图 3-26 所示，设切削起始点在 A(60, 5)，X、Z 方向粗加工余量分别为 3mm、0.9mm，粗加工次数为 3，X、Z 方向精加工余量分别为 0.6mm、0.1mm。其中，点画线部分为工件毛坯。

（1）华中系统数控程序如下：

```
%1001
T0101
M03 S400
G42 G00 X60 Z5
G73 U3 W0.9 R3 P1 Q2 X0.6 Z0.1 F80
N1 G00 X0
G01 Z0 F60
X10 C2
Z-20
G02 U10 W-5 R5
G01 Z-35
G03 U14 W-7 R7
G01 Z-52
X44 Z-62
N2 U2
G00 G40 X100
Z100
M30
```

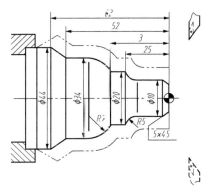

图 3-26　G73 指令编程实例

（2）FANUC 系统数控程序如下：

```
O1001；
T0101；
M03 S400；
G42 G00 X60. Z5.；
G73 U3. W0.9 R3.；
G73 P1 Q2 U0.6 W0.1 F0.25；
N1 G00 X0；
G01 Z0 F0.1；
X10. C2.；
Z-20.；
G02 U10. W-5. R5.；
Z-35.；
G03 U14. W-7. R7.；
G01 Z-52.；
X44. Z-62.；
N2 U2.；
G70 P1 Q2；
G00 X100.；
Z100.；
M30；
```

3.5.8　进给暂停指令 G04

1. G04 的指令格式

1）FANUC 系统

　G04 X；用带小数点的数，单位为 s
　G04 U；用带小数点的数，单位为 s
　G04 P；不带小数点，单位为 ms

例如，G04 X5.0 表示前面的程序执行完后，要经过 5s 的进给暂停后，才能执行下面的程序段；如采用 P 值表示，P 后面不允许用小数点，单位为 ms，如 G04 P1000 表示暂停 1s。

2）华中系统

　G04 P（不带小数点，单位为 s）

例如，G04 P3 表示暂停 3s。

2. 功能

执行 G04 指令后进给暂停至指定时间，暂停时间过后，继续执行下一段程序。

3. 应用

车槽、锪孔、倒角、车顶尖孔时，刀具进给到孔底位置，常用暂停指令 G04 使刀具相对于零件做短时间的无进给光整加工，以降低表面粗糙度及工件圆柱度。

3.6　切槽与切断加工程序的编制

1. 定义

在车削加工中，经常需要把太长的原材料切成一段一段的毛坯，然后再进行加工，也有一些工件在车好以后，再从原材料上切下来，这种加工方法称为切断。

有时工件为了车螺纹或磨削时退刀的需要，会在靠近阶台处车出各种不同的沟槽。

2. 槽的种类

(1)窄槽。宽度不大，采用刀头宽度等于槽宽的车刀，一次车出的沟槽称为窄槽。

(2)宽槽。沟槽宽度大于切槽刀头宽度的槽称为宽槽。

3. 切槽刀或切断刀的安装注意事项

(1)刀尖必须与工件轴线等高，否则不仅不能把工件切下来，而且很容易使切断刀折断，如图 3-27 所示。

(2)切断刀和切槽刀必须与工件轴线垂直，否则车刀的副切削刃会与工件两侧面产生摩擦，如图 3-28 所示。

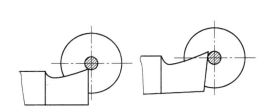
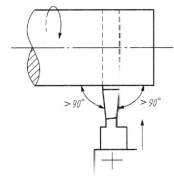

图 3-27　刀尖与工件轴线不等高的情况　　　　图 3-28　车刀与工件轴线不垂直的情况

(3)切断刀的底平面必须平直，否则会引起副后角的变化，在切断时车刀的某一副后刀面会与工件强烈摩擦。

4. 编程中注意的问题

(1)整个加工程序应采用一个刀位点。

(2)合理安排退刀路线，避免刀具与零件相撞。

(3)主轴速度、进给量不宜过大。

【例 3-13】　加工图 3-29 所示的槽。假设主轴转速 $n=600\text{r/min}$，则转一圈所需要的时间为 $T=0.1\text{s}$，若使刀具在槽底暂停到工件转 3 圈，则程序如下。

```
G01 X45 F60
G04 X0.3
G01 X60 F60
```

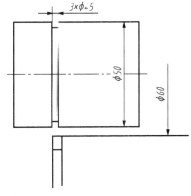

图 3-29　车槽实例 1

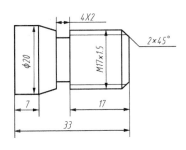

图 3-30　车槽实例 2

【例 3-14】　编制图 3-30 所示零件的切槽程序。华中系统数控程序如下：

```
%1001
T0303                (刀宽为 2.5mm)
M03 S300
G00 X20 Z-21
G01 X13 F15
G04 P3
G00 X20
W1.5
```

```
G01 X13 F15
G04 P3
G00 X100
Z100
M30
```

FANUC 系统数控程序如下：

```
O1001;
T0303;                  (刀宽为 2.5mm)
M03 S300;
G00 X20. Z-21.;
G01 X13. F0.05;
G04 X3.;
G00 X20.;
W1.5;
G01 X13. F0.05;
G04 X3;
G00 X100.;
Z100.;
M30;
```

3.7　锥面加工程序的编制

1. 圆锥参数及圆锥尺寸的计算

以图 3-31 为例，认识常见的圆锥台参数。

(1)圆锥台最大直径 D。

(2)圆锥台最小直径 d。

(3)圆锥台长度 L。

(4)圆锥半角 $\alpha/2$，$\tan\dfrac{d}{2}=\dfrac{D-d}{2L}$。

(5)锥度 C。锥度是圆锥台最大直径和最小直径差值与圆锥台长度的比值，即 $C=\dfrac{D-d}{L}$。

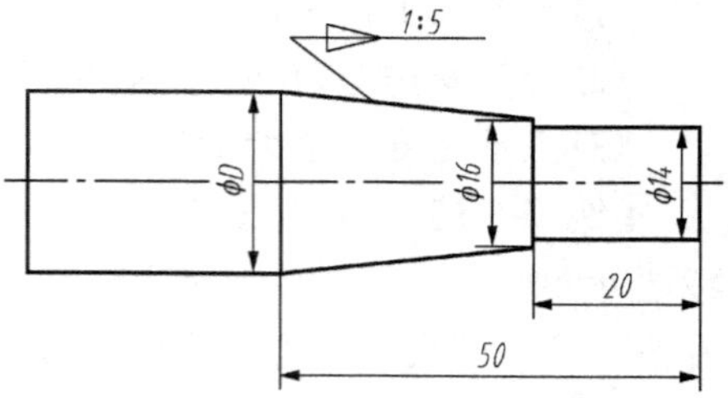

图 3-31　锥面加工实例

2. 刀具的选择

用数控机床加工圆锥面时，使用的刀具一般与车削阶梯轴时的刀具相同。车削倒锥时，要注意选用副偏角较大的刀具，使刀具副切削刃不与锥面相碰。

3. 实例

【例 3-15】　编制图 3-31 所示零件的加工程序。

华中系统数控程序如下：

```
%1001
T0101                   (选 90°外圆车刀)
M03 S400
G00 X25 Z3
```

```
G71 U2 R1 P1 Q2 X0.8 Z0.1 F80
N1 G00 X0
G01 Z0 F60 S600
X14
Z-20
X16
X22 W-30
N2 U2
G00 X100
Z100
M30
```

FANUC 系统数控程序如下：

```
O1001;
T0101;                          (选 90° 外圆车刀)
M03 S400;
G00 X25. Z3.;
G71 U2. R1. P1 Q2 U0.8 W0.1 F0.2;
N1 G00 X0;
G01 Z0 F0.1 S600;
X14. C0.5;
Z-20.;
X16.;
X22. W-30.;
N2 U2.;
G70 P1 Q2;
G00X100.;
Z100.;
M30;
```

3.8　螺纹车削加工的基础知识

3.8.1　常用螺纹的牙型、牙型参数及三角形螺纹的测量

1. 常用螺纹的牙型

1）概念

沿螺纹轴线剖切的截面内，螺纹牙两侧边的夹角称为螺纹的牙型。

2）常用螺纹的牙型

常见螺纹的牙型有三角形、梯形、锯齿形、矩形等。

生产中常用的螺纹牙型有三种：普通螺纹、英制螺纹、梯形螺纹。牙型角 α 指在螺纹牙型上相邻牙侧间的夹角（图 3-32）。普通螺纹的牙型角为 60°，英制螺纹牙型角为 55°，梯形螺纹牙型角为 30°。

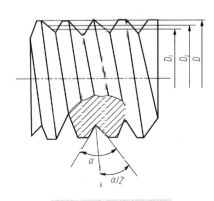

图 3-32　螺纹牙型参数

2. 常用螺纹牙型的参数

(1)螺纹大径：D 是内螺纹大径，d 是外螺纹大径。

(2)公称直径：螺纹大径的基本尺寸。

(3)螺纹小径：D_1 是内螺纹小径，d_1 是外螺纹小径。

(4)螺纹中径：D_2 是内螺纹中径，d_2 是外螺纹中径。

(5)螺距：用 P 表示，即相邻两牙在中径线上对应两点间的轴向距离。

(6)导程 L：同一条螺旋线上相邻两牙在中径线上对应两点间的轴线距离。螺纹螺距与导程的关系为 $L=nP$（n 为线数）。

(7)理论牙型高度：用 h_1 表示，即在螺纹牙型上牙型到下牙型之间，垂直于螺纹轴线的距离。

3. 三角形螺纹的测量

测量螺纹的主要参数有螺距与大径、小径和中径的尺寸，常见的测量方法有单项测量法和综合测量法两种。

1)单项测量法

(1)测量大径。由于螺纹的大径公差较大，一般只需要用游标卡尺测量即可。

(2)测量螺距。在车削螺纹时，螺纹的正确与否，从第一次纵向进给运动开始就要进行检查。可使第一刀在工件上划出一条很浅的螺旋线，用钢直尺、游标卡尺或螺距规进行测量。

(3)测量中径。

① 螺纹千分尺测量。螺纹千分尺的结构和使用方法与一般千分尺相似，其读数原理也与一般千分尺相同，只是它有两个可以调整的测量头(上测量头、下测量头)。在测量时，两个与螺纹牙型角相同的测量头正好卡在螺纹牙侧，这时千分尺读数就是螺纹中径的实际尺寸。

② 三针测量。三针测量是一种比较精密的测量方法。测量时所用的三根圆柱形量针，由量具厂专门制造。测量时，把三根量针放在螺纹两侧相对应的螺旋槽内，用千分尺量出两边针之间的距离 M，根据 M 值计算螺纹的实际尺寸。

2)综合测量法

综合测量是采用螺纹量规对螺纹各主要部分的使用精度同时进行综合检验的一种测量方法。这种方法效率高，使用方便，能较好地保证互换性，广泛应用于对标准螺纹或大批量生产螺纹时的测量。

螺纹量规包括螺纹环规和螺纹塞规两种，每一种螺纹量规又有通规和止规之分。测量时，如果通规刚好能旋入，而止规不能旋入，则说明螺纹精度合格。对于精度要求不高的螺纹，也可以用标准螺母和螺栓来检验，以旋入工件是否顺利和旋入后松动程度来确定螺纹是否合格。

3.8.2 螺纹加工尺寸分析

1. 外圆柱面的直径及螺纹实际小径的确定

车削螺纹时，需要计算实际车削时的外圆柱面的直径 $d_计$ 及螺纹实际小径 $d_{i计}$。

(1)车螺纹时，零件材料因受车刀挤压而使外径胀大，因此，螺纹部分的零件外径应比螺纹的公称直径小 0.2～0.4mm。一般取 $d_计=d-0.1P$。

(2)在实际生产中，为计算方便，不考虑螺纹车刀的刀尖半径 r 的影响，一般取螺纹实际牙型高度 $h_{1实}=0.6495P$，常取 $h_{1实}=0.65P$，螺纹的实际小径 $d_{i计}=d-2h_{i实}=d-1.3P$。

【例 3-16】　车削图 3-33 所示零件中的 M30×2 外螺纹，材料为 45 钢，试计算实际车削时的外圆柱面的直径 $d_{计}$ 及螺纹实际小径 $d_{i计}$。

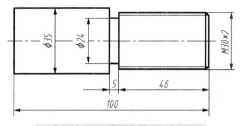

图 3-33　螺纹加工尺寸计算实例

外圆柱面的直径：

$$d_{计} = d - 0.1P = 30 - 0.1 \times 2 = 29.8 \text{(mm)}$$

螺纹的实际小径：

$$d_{i计} = d - 1.3P = 30 - 1.3 \times 2 = 27.4 \text{(mm)}$$

2. 螺纹起点与螺纹终点轴向尺寸的确定

车削螺纹起始需要一个加工过程，结束前有一个减速过程。因此车螺纹时，两端必须设置足够的升速进刀段 δ_1 和减速进刀段 δ_2。δ_1、δ_2 的数值与螺纹的螺距和螺纹的精度有关。

实际生产中，一般 δ_1 值取 2～5mm，大螺距和高精度的螺纹取大值；δ_2 不得大于退刀槽宽度，一般为退刀槽宽度的一半左右，取 1～3mm。当螺纹收尾处没有退刀槽时，收尾处的形状与数控系统有关，一般按照 45°退刀收尾。

3.8.3　螺纹车削切削用量的选用

1. 主轴转速 n

在数控车床上加工螺纹，主轴转速主要受数控系统、螺纹导程、刀具、零件尺寸和材料等多种因素的影响。不同的数控系统，有不同的推荐主轴转速范围，操作者在仔细查阅说明书后，可根据实际情况具体选用。大多数经济型数控车床车削螺纹时，推荐主轴转速为

$$n = \frac{1200}{P} - K$$

式中，P 为零件的螺距，mm；K 为安全系数，一般取 80；n 为主轴转速，r/min。

学生实习时一般取 $n=400$r/min，适当提高主轴转速可以提高螺纹的表面加工质量，加工内螺纹时，可以再小一些。

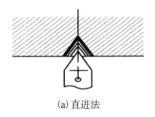

(a) 直进法

(b) 斜进法

图 3-34　车削螺纹时的进刀方法

2. 背吃刀量 a_p

（1）进刀方法的选择。在数控车床上加工螺纹时的进刀方法通常有直进法、斜进法。当 $P<3$mm 时，采用直进法；当 $P\geqslant 3$mm 时，一般采用斜进法，如图 3-34 所示。

（2）背吃刀量的选用及分配。加工螺纹时，单边切削总深度等于螺纹实际牙型高度时，一般取 $h_{1实}=0.65P$。车削应遵循后一刀的背吃刀量不能超过前一刀背吃刀量的原则，否则会因切削面积的增加、切削力过大而损坏刀具。但为了提高螺纹的表面粗糙度，最后一刀的背吃刀量不能小于 0.1mm。

【例 3-17】　确定 M17×1.5 螺纹的各次切削量。

螺纹加工前需要计算的尺寸为

$$d_{计} = d - 0.1P = 16.85 \text{mm}$$

$$d_{小} = d - 1.3P = 15.05 \text{mm}$$

总的切削深度（双边数值）：1.8mm。

分三刀切削：0.8mm、0.7mm、0.3mm。

车刀每次所对应的 X 数值依次为 16.08mm、15.35mm、15.05mm。

常用螺纹加工走刀次数与分层余量如表 3-5 所示。

表 3-5　常用螺纹走刀次数与分层余量　　　　　　　　（单位：mm）

公　制　螺　纹							
螺距	1.0	1.5	2.0	2.5	3.0	3.5	4.0
牙深	0.65	0.975	1.3	1.625	1.95	2.275	2.6
切深	1.3	1.95	2.6	3.25	3.9	4.55	5.2
走刀次数及切削余量　1 次	0.7	0.8	0.9	1.0	1.2	1.5	1.5
2 次	0.4	0.5	0.6	0.7	0.7	0.7	0.8
3 次	0.2	0.5	0.6	0.6	0.6	0.6	0.6
4 次		0.15	0.4	0.4	0.4	0.6	0.6
5 次			0.1	0.4	0.4	0.4	0.4
6 次				0.15	0.4	0.4	0.4
7 次					0.2	0.2	0.4
8 次						0.15	0.3
9 次							0.2

3. 进给量 f

(1)单线螺纹的进给量等于螺距，即 $f=P$。

(2)多线螺纹的进给量等于导程，即 $f=L$。

在数控车床上加工双线螺纹时，进给量为一个导程，常用的方法是车削第一条螺纹后，轴向移动一个螺距(用 G01 指令)，再加工第二条螺纹。

3.9　螺纹车削指令

3.9.1　单行程螺纹车削指令

1. 指令

1)格式

(1)华中系统：G32 X(U) ＿＿＿ Z(W) ＿＿＿ R ＿＿＿ E ＿＿＿ P ＿＿＿ F ＿＿＿

(2)FANUC 系统：G32 X(U) ＿＿＿ Z(W) ＿＿＿ F ＿＿＿；

2)说明

(1)X、Z 为绝对编程时，有效螺纹终点在工件坐标系中的坐标。

(2)U、W 为增量编程时，有效螺纹终点相对于螺纹切削起点的位移量。

(3)F 为螺纹导程，即主轴每转一圈，刀具相对于工件的进给值。

(4)R、E 为螺纹切削的退尾量，R 表示 Z 向退尾量，E 表示 X 向退尾量。R、E 在绝对或增量编程时都以增量方式指定，为正表示沿 Z、X 正向回退，为负表示沿 Z、X 负向回退。使用 R、E 可免去退刀槽，R、E 可以省略，表示不用回退功能。根据螺纹标准，R 一般取 2 倍的螺距，E 取螺纹的牙型高。

(5)P 为主轴基准脉冲处距离螺纹切削起始点的主轴转角。

2. 应用

使用 G32 指令能加工圆柱螺纹、锥螺纹和端面螺纹。图 3-35 所示为锥螺纹切削时各参数的意义。

3．编程要点

（1）G32 进刀方式为直进式。

（2）螺纹车削时不能用主轴线速度恒定指令 G96。

（3）切削斜角 α 在 45° 以下的圆锥螺纹时，螺纹导程以 Z 方向指定。

4．G32 的走刀轨迹

图 3-36 中 A 点是螺纹加工的起点，B 点是单行程螺纹切削指令 G32 的起点，C 点是单行程螺纹切削指令 G32 的终点，D 点是 X 向退刀的终点。①为用 G00 进刀，②为用 G32 车螺纹，③为用 G00 X 向退刀，④为用 G00 Z 向退刀。

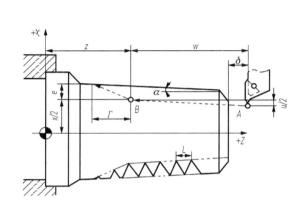

图 3-35　锥螺纹加工指令中参数含义

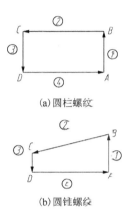

(a) 圆柱螺纹

(b) 圆锥螺纹

图 3-36　单行程螺纹切削指令 G32 进刀路径

【例 3-18】　零件如图 3-37 所示，螺纹外径已车至 $\phi 29.8$mm，4mm×2mm 的退刀槽已加工，零件材料为 45 钢。用 G32 指令编制该螺纹的加工程序。

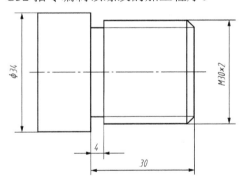

图 3-37　用 G32 指令加工圆柱螺纹实例

（1）螺纹加工尺寸计算。

实际车削时外圆柱面的直径为

$$d_{\text{计}} = d - 0.1P = 30 - 0.2 = 29.8 \, (\text{mm})$$

螺纹实际牙型高为

$$h_{1\text{实}} = 0.65P = 0.65 \times 2 = 1.3 \, (\text{mm})$$

螺纹实际小径为

$$d_{\text{小}} = d - 1.3P = 30 - 1.3 \times 2 = 27.4 \, (\text{mm})$$

升速进刀段和减速进刀段 δ_1=5mm， δ_2=2mm。

（2）确定切削用量。

$d_{计} - d_{小}$=2.4mm，即双边切深为 2.4mm，分 5 刀切削，各刀的切削余量分别为 0.9mm、0.6mm、0.4mm、0.4mm 和 0.1mm。

主轴转速为

$$n \leqslant 1200 / P - K = 1200/2 - 80 = 520\,(\mathrm{r/min})$$

学生实习时，一般选用较小的转速，取 n=400r/min。

进给量 f=P，即 2mm。

（3）编程。

华中系统数控程序如下：

```
%1001
G40 G97 S400 M03
T0404
G00 X32 Z5
X28.9
G32 Z-28 F2.0
G00 X32
Z5.
X28.3
G32 Z-28.0 F2.0
G00 X32
Z5
X27.9
G32 Z-28 F2.0
G00 X32
Z5
X27.5
G32 Z-28 F2.0
G00 X32
Z5
X27.4
G32 Z-28 F2.0
G00 X32
Z5
X27.4
G32 Z-28. F2.0
G00 X100
Z100
M30
```

FANUC 系统数控程序如下：

```
O1001;
G40 G97 S400 M03;
T0404;
G00 X32.0 Z5.0;
X28.9;
```

```
G32 Z-28.0 F2.0;
G00 X32.;
Z5.0;
X28.3;
G32 Z-28.0 F2.0;
G00 X32.0;
Z5.0;
X27.9;
G32 Z-28.0 F2.0;
G00 X32.0;
Z5.0;
X27.5;
G32 Z-28.0 F2.0;
G00 X32.0;
Z5.0;
X27.4;
G32 Z-28.0 F2.0;
G00 X32.0;
Z5.0;
X27.4;
G32 Z-28.0 F2.0;
G00 X100.0;
Z100.0;
M30;
```

3.9.2　螺纹车削简单循环指令

通过前面的例题可以看出，使用 G32 指令加工螺纹时需要多次进刀，程序较长，容易出错。为此数控车床一般均在数控系统中设置了螺纹切削循环指令。华中系统为 G82，FANUC 系统为 G92，两者功能相同。

1. 指令

1) 圆柱螺纹车削简单循环指令格式

华中系统：G82 X(U)＿＿＿ Z(W)＿＿＿ F＿＿＿

FANUC 系统：G92 X(U)＿＿＿ Z(W)＿＿＿ F＿＿＿；

说明：

(1) X、Z 为螺纹编程终点的 X、Z 向坐标。

(2) U、W 为螺纹编程终点相对于螺纹编程起点的 X、Z 向相对坐标，U 为直径值。

(3) F 为螺纹导程。

2) 圆锥螺纹车削简单循环指令格式

华中系统：G82 X＿＿＿ Z＿＿＿ I＿＿＿ F＿＿＿

FANUC 系统：G92 X＿＿＿ Z＿＿＿ I＿＿＿ F＿＿＿；

说明：

(1) X、Z 为螺纹终点的绝对坐标。

(2) U、W 为螺纹终点相对起点的坐标。

(3) I(R) 为圆锥螺纹起点相对于终点半径的差。

2. 应用

既然是循环指令,在使用前就必须设置循环起点,G82/G92 的循环路线与单一形状固定循

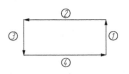

图 3-38　G82/G92 指令进刀路径

环基本相同,如图 3-38 所示,循环路径中除车削螺纹②为进给运动外,其他运动(循环起点进刀①、螺纹车削终点 X 向退刀③、Z 向退刀④)均为快速运动。优越性在于用一条循环指令便完成图 3-38 所示的车削循环。该指令是螺纹车削中应用最多的指令。

3. 编程实例

【例 3-19】　　如图 3-39 所示,螺纹外径已车至 $\phi41.8$mm,4mm×2mm 的退刀槽已加工,零件材料为 45 钢。用 G82/G92 指令编制该螺纹的加工程序。

(1)螺纹加工尺寸计算。

螺纹加工前的外圆柱面直径:

$$d_{计} = d - 0.1P = 41.8\text{mm}$$

螺纹小径:

$$d_{小} = d - 1.3P = 39.4\text{mm}$$

(2)确定切削用量。

总的切削量为 41.8−39.4=2.4(mm),即双边值为 2.4mm,分 5 刀完成,各刀的切削余量分别是 0.8mm、0.6mm、0.5mm、0.4mm、0.1mm。

每次螺纹车削起点的位置坐标为

X41 Z4　　　X40.4 Z4　　　X39.9 Z4　　　X39.5 Z4　　　X39.4 Z4

每次螺纹车削终点的位置坐标为

X41 Z−38　　　X40.4 Z−38　　　X39.9 Z−38　　　X39.5 Z−38　　　X39.4 Z−38

主轴转速为

$$n \leq 1200 / P - K = 1200/2 - 80 = 520\,(\text{r/min})$$

学生实习时,一般选用较小的转速,取 n=400r/min。

进给量 f=P,即 2mm。

(3)编程。

华中系统数控程序如下:

```
%1001
T0101
M03 S400
G00 X44 Z4
G82 X41 Z-38 F2
    X40.4 Z-38 F2
    X39.9 Z-38 F2
    X39.5 Z-38 F2
    X39.4 Z-38 F2
    X39.4 Z-38 F2
G00 X100
    Z100
M30
```

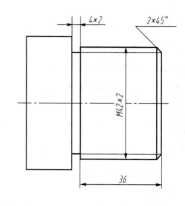

图 3-39　用 G82/G92 指令加工圆柱螺纹实例

FANUC 系统数控程序如下:

```
O1001;
T0101;
M03 S400;
G00 X44. Z4.;
G92 X41. Z-38. F2.;
X40.4;
X39.9;
X39.5;
X39.4;
X39.4;
G00 X100.;
Z100.;
M30;
```

【例 3-20】   如图 3-40 所示,圆锥螺纹外径已车削至小端直径ϕ19.8mm,螺距为 2mm。大端直径ϕ24.8mm,4mm×2mm 的退刀槽已加工,零件材料为 45 钢。用 G82 或 G92 指令编写螺纹的加工程序。

(1)螺纹加工尺寸计算。

螺纹大径:小端为ϕ19.8mm,大端为ϕ24.8mm;升速进刀段δ_1=3mm,减速退刀段δ_2=2mm。

螺纹起点 A 点:X=19.53 mm,Z=3mm;螺纹终点 B 点:X=25.3 mm,Z=—34mm。

$$R = (19.53 - 25.3) / 2 = -2.9(mm)$$

(2)确定切削用量。

总的切削深度为 1.3P=2.6mm,分 5 刀切削,各刀的切削余量分别为 0.9mm、0.6mm、0.6mm、0.4mm、0.1mm。

(3)编程。

华中系统数控程序如下:

```
%1000
T0303
M03 S400
G00 X27. Z3.
G82 X24.4 Z-34 I-2.9 F2.0
X23.84 Z-34 I-2.9 F2.0
X23.24 Z-34 I-2.9 F2.0
X22.84 Z-34 I-2.9 F2.0
X22.74 Z-34 I-2.9 F2.0
X22.74 Z-34 I-2.9 F2.0
G00 X100
Z100
M30
```

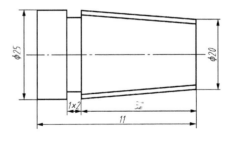

图 3-40   用 G82/G92 指令加工圆锥螺纹实例

FANUC 系统数控程序如下:

```
O1000;
T0303;
M03 S400;
```

```
G00 X27. Z3.;
G92 X24.4 Z-34.0 I-2.9 F2.0;
X23.8;
X23.2;
X22.8;
X22.7;
X22.7;
G00 X100.;
Z100.;
M30;
```

3.9.3　螺纹车削复合循环指令

1. 华中系统螺纹车削复合循环指令

1）格式

G76 C(c) R(r) E(e) A(α) X(x) Z(z) I(i) K(k) U(d) V(Δd_{min}) Q(Δd) P(p) F(L)

2）说明

(1) c 为精整次数（1～99），为模态值。

(2) r 为螺纹 Z 向退尾长度（00～99），为模态值。

(3) e 为螺纹 X 向退尾长度（00～99），为模态值。

(4) α 为刀尖角度（两位数字），为模态值；在 80°、60°、55°、30°、29°和 0°六个角度中选一个。

(5) x、z 为绝对值编程时，为有效螺纹终点 C 的坐标；增量值编程时，为有效螺纹终点 C 相对于循环起点 A 的有向距离（用 G91 指令定义为增量编程，使用后用 G90 指令定义为绝对编程）。

(6) i 为螺纹两端的半径差，如 $i=0$，为直螺纹（圆柱螺纹）切削方式。

(7) k 为螺纹高度，该值由 X 轴方向上的半径值指定。

(8) Δd_{min} 为最小切削深度（半径值）。

(9) d 为精加工余量（半径值）。

(10) Δd 为第一次切削深度（半径值）。

(11) p 为主轴基准脉冲处距离切削起始点的主轴转角。

(12) L 为螺纹导程（同 G32）。

2. FANUC 系统螺纹车削复合循环指令

1）格式

G76 P(m)(r)(α) Q(Δd_{min}) R(d);
G76 X(U)____ Z(W)____ R(i) P(k) Q(Δd) F(f);

2）说明

(1) m 为精车重复次数（1～99），该参数为模态量。

(2) r 为螺纹尾部倒角量，该值可设置在 0～9.9L，系数应为 0.1 的整数倍，用 00～99 的两位数来表示，其中 L 为螺距。该参数为模态量。

(3) α 为刀尖角度，可从 80°、60°、55°、30°、29°和 0°六个角度中选择，用两位整数来表示，常用 60°、55°和 30°三个角度，该参数为模态量。

(4) m、r、α 用地址 P 同时指定，例如，$m=2$，$r=1.2L$，$\alpha=60°$，表示为 P021260。

(5) Δd_{min} 为最小车削深度，用半径编程指定，该参数为模态量。

(6) d 为精加工余量(半径值)。

(7) X(U)、Z(W) 为螺纹终点坐标。

(8) i 为螺纹部分的半径差，$i=0$ 时，为直螺纹。

(9) k 为螺纹高度，用半径值指定。

(10) Δd 为第一次车削深度，用半径值指定。

(11) f 为螺距。

G76 指令中的参数如图 3-41 和图 3-42 所示。

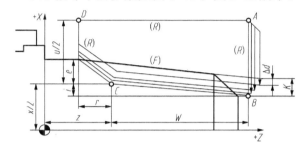

图 3-41　螺纹切削复合循环 G76

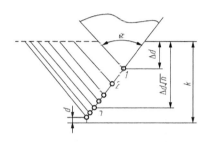

图 3-42　G76 循环单刀切削及其参数

指令中，Q、P、R 地址后的数值一般以无小数点形式表示。

实际加工三角形螺纹时，以上参数一般取：$m=2$，$r=1.1L$，$\alpha=60°$，表示为 P021160。$\Delta d_{min}=0.1mm$，$d=0.05mm$，$k=0.65P$，Δd 根据零件材料、螺纹导程、刀具和机床刚性综合给定，建议取 $0.7\sim2.0mm$。其他参数由零件具体尺寸确定。

3. 走刀路径

如图 3-41 所示，C 点到 D 点的切削速度由 F 代码指定，而其他轨迹均为快速进给。

按 G76 段中的 X(U) 和 Z(W) 指令实现循环加工，增量编程时，要注意 u 和 w 的正负号(由刀具轨迹 AC 和 CD 段的方向决定)。G76 循环进行单边切削，减小了刀尖的受力。

4. 应用

G76 指令用于多次自动循环切削螺纹。常用于加工不带退刀槽的圆柱螺纹和圆锥螺纹。

【例 3-21】　如图 3-43 所示，螺纹外径已车至 $\phi29.8mm$，零件材料为 45 钢。用 G76 指令编制该螺纹的加工程序。

(1) 螺纹加工尺寸计算。

实际车削时外圆柱面的直径为

$$d_{计}=d-0.2=30-0.2=29.8\,(mm)$$

用 G70 或 G01 加工保证。

螺纹实际牙型高度 $h_{1实}=0.65P=0.65\times2=1.3\,(mm)$。

升速进刀段 $\delta_1=5mm$。

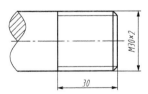

图 3-43　用 G76 指令加工圆柱螺纹实例

(2) 确定切削用量。

精车重复次数 $m=2$，螺纹尾部倒角量 $r=1.1L$，刀尖角度 $\alpha=60°$，表示为 P021160。

最小车削深度 $\Delta d_{min}=0.1mm$，表示为 Q100。

精车余量 $d=0.05mm$，表示为 R50。

螺纹终点坐标 X=27.4mm，Z=−30mm。

螺纹部分的半径差 i=0，R0 可以省略。

螺纹高度 k =1.3mm，表示为 P1300。

第一次车削深度Δd 取 1.0mm，表示为 Q1000。

f=2mm，表示为 F2.0。

主轴转速 n≤1200 / P−K=1200/2−80=520（r/min），取 n=400r/min。

（3）编程（FANUC 系统）。

```
N10 G40 G97 S400 M03;
N20 T0404;
N30 M08;
N40 G00 X31.5 Z5.0;
N50 G76 P021160 Q100 R50;
N60 G76 X27.4 Z−30.0 P1300 Q1000 F2.0;
N70 G00 X200;
N80 Z100;
N90 M30;
```

【例 3-22】 用螺纹切削复合循环 G76 指令编程，加工螺纹为 ZM60×2，工件尺寸如图 3-44 所示，其中括号内尺寸根据标准得到。

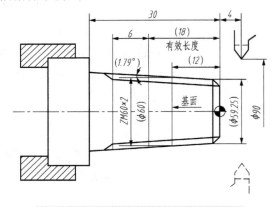

图 3-44 用 G76 指令加工圆锥螺纹实例

华中系统数控程序如下：

```
%3338
N1 T0101                        (换 1 号刀,确定其坐标系)
N2 G00 X100 Z100                 (到程序起点或换刀点位置)
N3 M03 S400                      (主轴以 400r/min 的速度正转)
N4 G00 X90 Z4                    (到简单循环起点位置)
N5 G80 X61.125 Z-30 I-1.063 F80  (加工锥螺纹外表面)
N6 G00 X100 Z100 M05             (到程序起点或换刀点位置)
N7 T0202                         (换 2 号刀,确定其坐标系)
N8 M03 S300                      (主轴以 300r/min 的速度正转)
N9 G00 X90 Z4                    (到螺纹循环起点位置)
N10 G76 C2 R-3 E1.3 A60 X58.15
    Z-24 I-0.875 K1.299 U0.1 V0.1 Q0.9 F2
N11 G00 X100 Z100                (返回程序起点位置或换刀点位置)
```

```
N12 M05                          （主轴停）
N13 M30                          （主程序结束并复位）
```

3.9.4　螺纹车削加工的注意事项

螺纹加工中容易出现的一种现象为"乱扣"，即车削螺纹时，一般都要经过几次往复车削加工才能完成，在第二次车削时，刀尖偏离前一次车出的螺旋槽，从而把螺旋槽车乱，称为"乱扣"。所以，在加工螺纹时应注意以下事项。

（1）从螺纹粗加工到精加工，主轴的转速必须保持一个常数。

（2）在没有停止主轴的情况下，停止螺纹的切削将非常危险。

（3）螺纹切削时进给保持功能无效，如果按下"进给保持"键，刀具在加工完螺纹后停止运动。

（4）在螺纹加工中不使用恒定线速度控制功能。

（5）在螺纹加工轨迹中应设置足够的升速进刀段 δ_1 和降速退刀段 δ_2，以消除伺服滞后造成的螺距误差。

3.10　恒线速度指令 G96/G97

1. 恒线速度切削与恒转速切削

数控车床在切削加工时，由于加工方法的不同，主轴转速必须有很宽的调速范围。车削螺纹时需要低速，精车外表面时需要高速。车锥面或断面时，为保证加工质量，则需要不断改变主轴转速以保证恒定的切削线速度。

2. 指令格式及其功能

ISO 规定的有关主轴转速的指令如下。

G96 S180

功能：恒线速度切削，最大线速度为 180m/min。

G97 S2500

功能：恒转速切削，转速是 2500r/min。

编程时当 G96 改为 G97（或 G97 改为 G96）时，一定要更改 S 的值。

注意：FANUC 系统用指令 G50 设定主轴最高转速，华中系统在系统参数中设定主轴最高转速。

【**例 3-23**】　编写图 3-45 所示零件的精加工程序。

华中系统数控程序如下：

```
%1001
T0101
M03 S800
G96 S80
G00 X30 Z3
X0
G01 Z0 F60
G03 X24 Z-24 R15
```

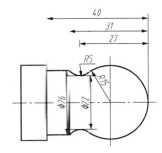

图 3-45　G96/G97 指令编程实例

```
G02 X26 Z-31 R5
G01 Z-40
G97 S400
G00 X100
Z100
M30
```

FANUC 系统数控程序如下：

```
O1001;
T0101;
M03 S800;
G50 S2500;
G96 S80;
G00 X30. Z3.;
X0;
G01 Z0 F0.2;
G03 X24. Z-24. R15.;
G02 X26. Z-31. R5.;
G01 Z-40.;
G97 S400.;
G00 X100.;
Z100.;
M30;
```

3.11　调用子程序指令 M98 及子程序结束指令 M99

在编制加工程序中，有时会遇到一组程序段在一个程序中多次出现，或者在几个加工程序中都要用到它，为了减少不必要的编程重复，将该程序段单独编程，作为子程序。它是手工编程的一种发展趋势。

1. 子程序的格式

(1)华中系统子程序的格式：

```
%****
…
…
…
M99
```

(2)FANUC 系统子程序的格式：

```
O****;
…
…
…
M99
```

注意：在子程序开头，必须规定子程序号，以作为调用入口地址。在子程序的结尾用 M99 指令，以控制执行完该子程序后返回主程序。

2．调用子程序的格式

华中系统：M98　P____　L____

其中，P 为被调用的子程序号；L 为重复调用的次数。

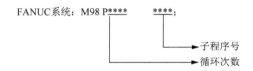

FANUC系统：M98 P**** ****;

→子程序号
→循环次数

注意事项：

(1) 从主程序调用的子程序称为一重，一共可以调用四重。

(2) 也可以把 M98 指令与移动指令放在同一个程序段中，但是先执行移动指令，再执行子程序调用指令。

(3) 主程序中的模态 G 可被子程序中同一组的其他 G 代码所更改。例如，主程序中的 G90 被子程序中同一组的 G91 更改，从子程序返回时主程序也变为 G91 了。

(4) 最好不要在刀具补偿状态下的主程序中调用子程序，否则很容易出现过切现象。

(5) 子程序与主程序编程时的区别是子程序结束时的代码用"M99"，主程序结束时的代码用"M02"或"M30"。

【例 3-24】　如图 3-46 所示，外圆柱表面 ϕ60mm 已经加工好，车槽刀为 1 号且刀宽为 3mm，编写不等距车槽的加工程序。

华中系统数控程序如下：

```
%1000
T0101
M03 S300
G00 X62 Z2
G01 Z-13
M98 P1001        (L1 省略,表示调用一次)
G01 W-18
M98 P1001
G01 W-23
M98 P1001
G00 X200 Z50
M30
%1001
G01 X57 F20
G04 P1
G00 U5
M99
```

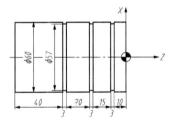

图 3-46　子程序编程实例 1

FANUC 系统数控程序如下：

```
O1000;
```

```
T0101;
M03 S300;
G00 X62. Z2.;
G01 Z-13.;
M98 P1001;
G01 W-18.;
M98 P1001;
G01 W-23.;
M98 P011001;
G00 X200. Z50.;
M30;
O1001;
G01 X 57. F0.2;
G04 X1;
G00 U5.;
M99;
```

【例 3-25】　如图 3-47 所示，单边切削余量为 4mm，用调用子程序的方式编写加工程序。

(1)分析图纸。

① 确定刀具加工的走刀轨迹——仿形加工(类似 G73 指令的走刀轨迹)。

② 确定工件的加工余量为 4mm(单边值，此处加工余量可以设为比 4 稍大的数值，即走第一刀后加工余量为 4mm)，图中点画线部分为毛坯尺寸。

(2)选择刀具，确定切削用量。

① 选用 35°外圆车刀。

② 第一刀之后，每次的背吃刀量为 0.8mm。

主轴转速：400r/min。

进给速度：0.25mm/min。

③ 确定循环次数：L=4/0.8+1=6(次)。

(3)程序。

华中系统数控程序如下：

```
%1001
T0101
M03 S400
G00 X32 Z4
G98 P0002 L6
G00 X100
Z100
M30
%0002
G01 U-24 F100
Z0
G03 X14.77 W-4.923 R8
U6.43 W-39.877 R60
G02 U2.8 W-28.636 R40
```

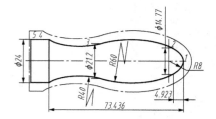

图 3-47　子程序编程实例 2

```
G01 W10
G00 U8
W87.436
G01 U-9.6 F100
M99
```

FANUC 系统数控程序如下:

```
O1001;
T0101;
M03 S400;
G00 X32. Z4.;
G98 P60002;
G00 X100.;
Z100;
M30;
O0002;
G01 U-24. F100.;
Z0;
G03 X14.77 W-4.923 R8.;
U6.43 W-39.877 R60.;
G02 U2.8 W-28.636 R40.;
G01 W10.;
G00 U8.;
W87.436;
G01 U-9.6 F100;
M99;
```

3.12　刀具补偿功能指令

刀具的补偿包括刀具的偏置补偿、磨损补偿和刀尖圆弧半径补偿。

刀具的偏置和磨损补偿,是由 T 代码指定的功能,而不是由 G 代码规定的准备功能。

3.12.1　刀具偏置补偿与刀具磨损补偿

1. 刀具偏置补偿

我们设定刀架上各刀在工作位时,其刀尖位置是一致的。但由于刀具的几何形状及安装的不同,其刀尖位置是不一致的,其相对于工件原点的距离也是不同的。因此,需要将各刀具的位置值进行比较或设定,称为刀具偏置补偿。刀具偏置补偿可使加工程序不随刀尖位置的不同而改变。刀具偏置补偿有绝对补偿和相对补偿两种形式。

1)绝对补偿形式

绝对刀偏即机床回到机床零点时,工件零点相对于刀架工作位上各刀刀尖位置的有向距离,如图 3-48 所示。当执行刀偏补偿时,各刀以此值设定各自的加工坐标系。因此,虽然刀架在机床零点时,各刀由于几何尺寸不一致,各刀刀位点相对工件零点的距离不同,但各自建立的坐标系均与工件坐标系重合。

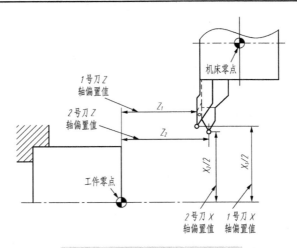

图 3-48   刀具偏置的绝对补偿形式

如图 3-49 所示，机床到达机床零点时，机床坐标值显示均为零，整个刀架上的点可考虑为一理想点，故当各刀对刀时，机床零点可视为在各刀刀位点上。华中系统可通过输入试切直径、长度值自动计算工件零点相对于各刀刀位点的距离。其步骤如下。

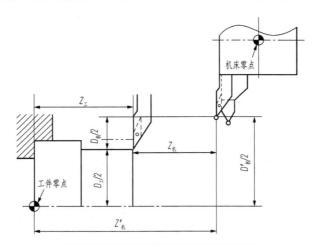

图 3-49   刀具偏置的绝对补偿值设定

(1)按下 MDI 子菜单下的"刀具偏置表"功能按键。

(2)用各刀试切工件端面，输入此时刀具在将设立的工件坐标系下的 Z 轴坐标值(测量)。如编程时将工件原点设在工件前端面，即输入 0(设零前不得有 Z 轴位移)。系统源程序通过公式 $Z'_{机} = Z_{机} - Z_{工}$ 自动计算出工件原点相对于该刀刀位点的 Z 轴距离。

(3)用同一把刀试切工件外圆，输入此时刀具在将设立的工件坐标系下的 X 轴坐标值，即试切后工件的直径值(设零前不得有 X 轴位移)。系统源程序通过公式 $D'_{机} = D_{机} - D_{工}$，自动计算出工件原点相对于该刀刀位点的 X 轴距离。

退出换刀后，用下一把刀重复步骤(2)和(3)，即可得到各刀绝对刀偏值，并自动输入到刀具偏置表中。

2) 相对补偿形式

如图 3-50 所示，在对刀时，确定一把刀为标准刀具，并以其刀尖位置 A 为依据建立坐标系。这样，当其他各刀转到加工位置时，刀尖位置 B 相对标准刀刀尖位置 A 就会出现偏置，原来建立的坐标系就不再适用，因此，应对非准标刀具相对于标准刀具之间的偏置值Δx、Δz 进行补偿，使刀尖位置 B 移至位置 A。华中系统是通过控制机床拖板的移动实现补偿的。

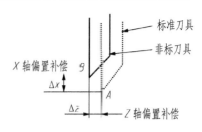

图 3-50　刀具偏置的相对补偿形式

标准刀偏置值为机床回到机床零点时，工件零点相对于工作位上标准刀刀位点的有向距离。

如果有对刀仪，相对刀偏值的测量步骤如下。

(1)将标准刀刀位点移到对刀仪十字中心。

(2)在功能按键主菜单下或 MDI 子菜单下，将刀具当前位置设为相对零点。

(3)退出换刀后，将下一把刀移到对刀仪十字中心，此时显示的相对值，即为该刀相对于标准刀的刀偏值。

如果没有对刀仪，相对刀偏值的测量步骤如下。

(1)用标准刀试切工件端面，在功能按键主菜单下或 MDI 子菜单下，将刀具当前 Z 轴位置设为相对零点(设零前不得有 Z 轴位移)。

(2)用标准刀试切工件外圆，在功能按键主菜单下或 MDI 子菜单下，将刀具当前 X 轴位置设为相对零点(设零前不得有 X 轴位移)。此时，标准刀已在工件上切出一基准点。当标准刀在基准点位置时，即在此设置相对零点位置。

(3)退出换刀后，将下一把刀移到工件上基准点的位置上，此时显示的相对值即为该刀相对于标准刀的刀偏值。

2. 刀具磨损补偿

刀具使用一段时间后磨损，也会使产品尺寸产生误差，因此需要对其进行补偿。该补偿与刀具偏置补偿存放在同一个寄存器的地址号中。各刀的磨损补偿只对该刀有效(包括标准刀)。

刀具的补偿功能由 T 代码指定，其后的 4 位数字分别表示选择的刀具号和刀具偏置补偿号。T 代码的说明如下。

T×× 　　　 ＋ 　　 ××

刀具号 　　　　　　 刀具补偿号

刀具补偿号是刀具偏置补偿寄存器的地址号，该寄存器存放刀具的 X 轴和 Z 轴偏置补偿值、刀具的 X 轴和 Z 轴磨损补偿值。

T 加补偿号表示开始补偿功能。补偿号为 00 表示补偿量为 0，即取消补偿功能。

系统对刀具的补偿或取消都是通过拖板的移动来实现的。

补偿号可以和刀具号相同，也可以不同，即一把刀具可以对应多个补偿号(值)。

如图 3-51 所示，如果刀具轨迹相对编程轨迹具有 X、Z 方向上补偿值(由 X、Z 方向上的补偿分量构成的矢量称为补偿矢量)，那么程序段中的终点位置加或减去由 T 代码指定的补偿量(补偿矢量)即为刀具轨迹段终点位置。

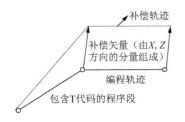

图 3-51　经偏置磨损补偿后的刀具轨迹

【例 3-26】　如图 3-52 所示，先建立刀具偏置磨损补偿，后取消刀具偏置磨损补偿。

```
T0202
G01 X50 Z100
Z200
X100 Z250 T0200
M30
```

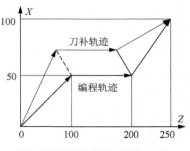

图 3-52　刀具偏置磨损补偿

3.12.2　刀尖圆弧半径补偿

1. 刀尖半径补偿的目的

车刀的刀尖由于磨损等原因总有一个小圆弧(车刀不可能是绝对尖的)，但是编程计算点是根据理论刀尖(假想刀尖)A 来计算的，如图 3-53 所示。车削时，实际起作用的切削刃是圆弧的各切点，这样在加工圆锥面和圆弧面时，就会产生加工表面的形状误差，如图 3-54 所示。

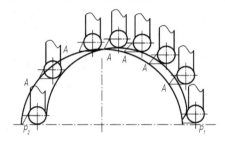

图 3-53　刀尖圆弧和刀尖理论点

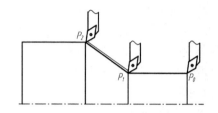

图 3-54　车圆锥时产生的误差

从图 3-54 中可以看出，编程时刀尖运动轨迹是 P_0，P_1，P_2。但由于刀尖圆弧半径 R 的存在，实际车削出工件的形状为图中虚线，这样就产生圆锥表面误差 δ。如果工件要求不高(如留磨削余量)，可忽略不计，如果工件精度要求很高，就应考虑刀尖圆弧半径对工件表面形状的影响。

下面再举一个车圆弧的实例，来说明刀尖磨损对工件表面形状误差的影响。如图 3-55 所示，编程时刀尖运动轨迹是刀尖 A 的轨迹(图 3-53 中 $P_1, A, A, \cdots, A, P_2$)。但是，车削时实际起作用的是刀尖圆弧的各切点，因此车出的工件实际表面形状是图中的虚线形状，这样就产生了较大的形状误差 $\delta_1 \sim \delta_2$。可见，在这种情况下就必须考虑刀尖圆弧半径对工件表面的影响。

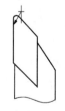

图 3-55　车圆弧时产生的误差

车孔、外圆和端面时，并无误差产生，因为实际切削刃的轨迹与工件轨迹一致。但车圆锥面和圆弧时，工件轮廓(编程轨迹或假想刀尖轨迹)与实际轨迹不重合，有误差 δ 产生。消除误差的方法是采用机床的刀具半径补偿功能，为编程者提供方便，编程者只要按工件轮廓线编程，执行刀具半径补偿后，刀具自动偏离工件轮廓一个刀具半径值，从而消除了刀尖圆弧半径对工件形状的影响。

2. 刀尖半径补偿的指令

在编制轮廓切削加工场合中，一般以工件的轮廓尺寸为刀具轨迹编程，这样编制加工程序简单，即假设刀具中心运动轨迹是沿工件轮廓运动的，而实际的刀具运动轨迹要与工件轮廓有一个偏移量(即刀具半径)。利用刀具半径补偿功能可以方便地实现这一转变,简化程序编制,机床可以自动判断补偿的方向和补偿值大小,自动计算出实际刀具中心轨迹,并按刀具中心轨迹运动。根据刀具轨迹的左右补偿,刀尖半径补偿的指令有 G41、G42 和 G40。

(1)刀尖半径左补偿。顺着刀具运动方向看,刀具在工件的左侧(图 3-56),称为刀尖半径左补偿,用 G41 代码编程。

(2)刀尖半径右补偿。顺着刀具运动方向看,刀具在工件的右侧(图 3-56),称为刀尖半径右补偿,用 G42 代码编程。

(3)取消刀尖左右补偿。如需要取消刀尖左右补偿,可编入 G40 代码。这时,使假想刀尖轨迹与编程轨迹重合。

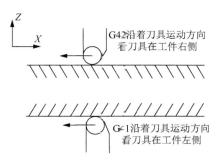

图 3-56　左刀补和右刀补

3. 指令格式

$$\begin{Bmatrix} G40 \\ G41 \\ G42 \end{Bmatrix} \begin{Bmatrix} G00 \\ G01 \end{Bmatrix} X\underline{\quad} Z\underline{\quad}$$

其中,X、Z 为 G00/G01 的参数,即建立刀补或取消刀补的终点。

4. 刀具半径补偿注意事项

(1)G41、G42、G40 指令不能与圆弧切削指令写在同一个程序段中,可与 G01、G00 指令在同程序段中出现,即它是通过直线运动来建立或取消刀具补偿的。

(2)在调用新刀具前或要更改刀具补偿方向时,中间必须取消刀具补偿,目的是避免产生加工误差。

(3)在 G41 或 G42 程序段后面,加 G40 程序段,便是刀尖半径补偿取消,其格式为

G41(或 G42)
…
G40

程序的最后必须是以取消偏置状态结束,若程序在偏置状态结束,则刀具不能在终点定位,而是停在与终点位置偏离一个矢量的位置上。G41、G42、G40 是模态代码,可相互注销。

(4)G41、G42 的判断是以朝着工具所在平面(XOZ)的垂直轴负向(−Y)作为依据。

(5)在 G41 方式中,不要再指定 G41 方式,否则补偿会出错。同样,在 G42 方式中,不要再指定 G42 方式。当补偿量取负值时,G41、G42 相互转化。

(6)在使用 G41 和 G42 之后的程序段,不能出现连续两个或两个以上的不移动指令,否则 G41 和 G42 会失效。

(7)G41/G42 不带参数,其补偿号(代表所用刀具对应的刀尖半径补偿值)由 T 代码指定。其刀尖圆弧补偿号与刀具偏置补偿号对应。

刀尖圆弧半径补偿寄存器中,定义了车刀圆弧半径及刀尖的方向号。

刀尖圆弧半径在粗加工时取 0.8mm,半精加工取 0.4mm,精加工取 0.2mm;粗精加工采用同一把刀,取 0.4mm。

车刀刀尖方位即车刀的假想刀尖相对于刀尖圆弧的位置,而车刀刀尖的方向号定义了刀具刀位点与刀尖圆弧中心的位置关系,其从 0 到 9 有 10 个方向,如图 3-57 所示。

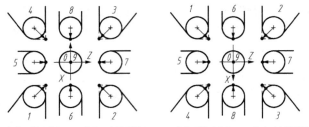

• 代表刀具刀位点 A; + 代表刀尖圆弧圆心 O　　　• 代表刀具刀位点 A; + 代表刀尖圆弧圆心 O

图 3-57　车刀刀尖位置码定义

【例 3-27】　　考虑刀尖半径补偿,编制图 3-58 所示零件的加工程序。

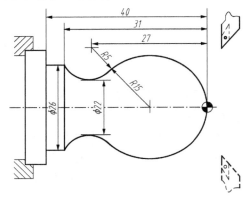

图 3-58　刀具圆弧半径补偿编程实例

```
%3345
N1 T0101              (换 1 号刀,确定其坐标系)
N2 M03 S400           (主轴以 400r/min 的速度正转)
N3 G00 X40 Z5         (到程序起点位置)
N4 G00 X0             (刀具移到工件中心)
N5 G01 G42 Z0 F60     (加入刀具圆弧半径补偿,工进接触工件)
N6 G03 U24 W-24 R15   (加工 R15mm 圆弧段)
N7 G02 X26 Z-31 R5    (加工 R5mm 圆弧段)
N8 G01 Z-40           (加工 ϕ26mm 外圆)
N9 G00 X30            (退出已加工表面)
N10 G40 X40 Z5        (取消刀尖半径补偿,返回程序起点位置)
N11 M30               (主轴停、主程序结束并复位)
```

3.13　宏指令编程

3.13.1　宏程序的概念及特点

1. 宏程序的概念

一般意义上所讲的数控指令其实是指 ISO 代码指令,即每个代码的功能是固定的,由生产厂家开发,使用者只需要也只能按照规定编程即可。但有时候这些指令满足不了用户的需要，系统因此提供了用户宏程序功能，使用户可以对数控系统进行一定的功能扩展，实际上是数控系统对用户的开放，也可以视为用户利用数控系统提供的工具，在数控系统的平台上进行二次开发，当然这里的开放和开发是有条件和限制的。

早期数控的加工程序只有主程序一种，后来又可以使用子程序和子程序多层嵌套。虽然子程序对编制相同加工操作的程序非常有用，但子程序和主程序一样，在程序运行过程中，数控系统除了做插补运算外，不能做其他数字运算。

宏程序是指在程序中，用变量表示一个地址的数字值。宏程序由于程序使用变量、算数和逻辑运算及条件转移，使得编制相同加工操作的程序更方便、更容易。可将相同加工操作编为通用程序，如型腔加工宏程序和固定加工循环宏程序。使用时，加工程序可用一条简单指令调宏程序，和调用子程序完全一样。

宏程序编制特征主要有以下 3 个方面。

(1)可以在宏程序主体中使用变量。

(2)可以进行变量之间的运算。

(3)可以用宏程序指令对变量进行赋值。

2. 宏程序的特点

(1)高效。在数控加工中，常遇到数量少、品种繁多、有规则的几何形状的工件，在编程中只要把这些共同点进行分析和总结，把这些几何形状的共同点设为变量应用到程序中，只需要改变其中几个变量中的赋值，就可通过多次调用进行加工。这样大大节省了编程时间，而且准确性也会大大提高。

(2)经济。在加工中经常出现品种多、数量少的零件，这些零件在某些特征上变化不定，如果采用常规的加工方法，需要定制许多类型的成型刀具，制作这些刀具既费时又加大制造成本。而采用宏程序就可以解决这个问题，甚至有些需要球头铣刀加工的零件，利用宏程序使用平头铣刀也可以解决，这样就降低了制造成本。

(3)应用范围广。宏程序在实际加工中还可以应用到数控加工的其他环节，如刀具长度补偿、刀具半径补偿、进给量、主轴转速、G 代码、M 代码等精心设置，大大提高了加工效率。

(4)有利于解决软件编程带来的缺陷。对软件编程来说，通常编制的曲面加工程序的容量比较大。通常的数控加工系统的容量一般是 128KB 或 256KB，当程序超过这个容量时，就需要在线加工了。在线加工时，往往会出现数据传输的速率跟不上机床加工的速率，在加工过程中会出现断续、迟滞等现象，影响了正常加工。而宏程序一般不超过 60 行，换算成字节也不过几 KB，这样编制的程序容量非常简短，所以根本不用在线加工。

另外，使用软件编程生成的刀具轨迹存在一定的弊端，其本质上是在允许的误差范围内沿每条路径用直线去逼近曲面的过程。而使用宏程序时，为了对复杂的加工运动进行描述，就必然会最大限度地使用数控系统内部的各种指令代码，数控系统可以直接进行插补运算，且速度极快，再加上伺服电动机和机床的迅速响应，使得加工效率极高。

宏程序是程序编制的高级形式，程序编制的质量与编程人员的素质息息相关，宏程序里应用了大量编程技巧，如数学模型的建立、数学关系的表达、加工刀具的选择、走刀方式的取舍等，这些使得宏程序的精度很高。特别是对中等难度的零件，使用宏程序进行编制加工要比自动编程加工快得多，有时自动编程的长度可能是宏程序的几十倍、几百倍甚至更悬殊，宏程序的加工效率也大大增加。

3.13.2　宏变量及常量

1．宏变量

1）变量的表示

FANUC 系统的宏变量用变量符号(#)和后面的变量号指定，如#1、#2、#3 等；也可以用表达式来表示变量，如#〔#1+#2－12〕等。

2）变量的使用

(1)在地址的后面指定变量号或表达式，表达式必须用括号"〔〕"括起来。

例如，F#103，设#103=150，则为 F150。其中，F 为地址，即进给指令；#103 为变量号。

Z－#110，设#110=200，则为 Z－200。其中，Z 为地址，即 Z 坐标；#110 为变量号。

X〔#24+〔#18*COS〔#1〕〕〕。其中，X 为地址，即 X 坐标；后面的为表达式。

(2)变量号可以用变量代替。

例如，#〔#30〕，设#30=3，则为#3。

(3)程序号、顺序号和任选程序段跳转号不能使用变量。

例如，下述方法是不允许的：

```
O#1;
/#2G01X50;
N#2Z100;
```

3）变量的类型

变量根据变量号可以分为 4 种类型，其功能见表 3-6。

表 3-6　变量的类型及功能(FANUC 系统)

变 量 号	变量类型	功 能
#0	空变量	该变量总是空，没有赋值给该变量
#1～#33	局部变量	局部变量只能在宏程序中存储数据，如运算结果。当断电时，局部变量的数值被清除，当宏程序被调用时，可对局部变量赋值
#100～#199 #500～#999	公共变量	公共变量在不同的宏程序中的意义相同。#100～#199 在断电时数据被清除；#500～#999 的数据在断电时被保存不会丢失
#1000～	系统变量	系统变量用于读和写 CNC 运行时的各种数据，例如，刀具的当前位置和补偿值

在编写宏程序时，通常可以用局部变量#1～#33 或公共变量#100～#199。而公共变量#500～#999 和#1000 以后的系统变量通常是提供给机床厂家进行二次开发的，不能随便使用。若使用不当，会导致整个数控系统的崩溃。

华中系统的变量如下：

#0～#49	当前局部变量
#50～#199	全局变量
#200～#249	0 层局部变量
#250～#299	1 层局部变量
#300～#349	2 层局部变量
#350～#399	3 层局部变量
#400～#449	4 层局部变量
#450～#499	5 层局部变量

#500~#549	6 层局部变量
#550~#599	7 层局部变量
#600~#699	刀具长度寄存器 H0~H99
#700~#799	刀具半径寄存器 D0~D99
#800~#899	刀具寿命寄存器

4）变量的引用

(1)在地址后指定变量号可引用其变量值。当用表达式指定变量时，要把表达式放在括号里。例如，G01 X〔#1+#2〕F#3；被引用量的值根据地址的最小设定单位自动舍入。

(2)改变引用的变量值的符号，要把负号(−)放在#前面。例如，G00 X−#1。

(3)当引用未被定义的变量时，变量及地址都被忽略。例如，当变量#1 的值是 0，并且变量#2 的值是空时，G00 X#1 Z#2 的执行结果为 G00 X0。

(4)当变量值未被定义时，这样的变量称为"空"变量。变量#0 总是空变量，它不能被赋任何值。例如，当#1=(空)，G90 X100 Z#1 时，即为 G90 X100；当#1=0，G90 X100 Z#1 时，即为 G90 X100 Z0。

2. 常量

常量主要有以下 3 个。

PI：圆周率 π；

TRUE：条件成立(真)；

FALSE：条件不成立(假)。

3.13.3　运算符与表达式

宏程序具有赋值、算数运算、逻辑运算、函数运算等功能。运算符右边的表达式可包含常量或由函数或运算符组成的变量。表达式中的变量#j 和#k 可以用常数赋值。左边的变量也可以用表达式赋值。

1. 算术运算符

+，−，*，/

定义	#i=#j
加法	#i=#j＋#k
减法	#i=#j-#k
乘法	#i=#j*#k
除法	#i=#j/#k

2. 条件运算符

EQ(=)，　NE(≠)，　GT(>)，　GE(≥)，　LT(<)，　LE(≤)

3. 逻辑运算符

与	#i= #j AND #k
或	#i= #j OR #k
异或	#i= #j XOR #k

4. 函数

正弦	#i=SIN〔#j〕
反正弦	#i=ASIN〔#j〕

余弦	#i=CON〔#j〕
反余弦	#i=ACON〔#j〕
正切	#i=TAN〔#j〕
反正切	#i=ATAN〔#j〕
平方根	#i=SQRT〔#j〕
绝对值	#i=ABS〔#j〕
四舍五入	#i=ROUND〔#j〕
下取整	#i=FIN〔#j〕
上取整	#i=FUP〔#j〕
自然对数	#i=LN〔#j〕
指数函数	#i=EXP〔#j〕

5. 表达式

用运算符连接起来的常数或宏变量构成表达式。

例如，175/SQRT〔2〕* COS〔55 * PI/180〕

　　　#3*6 GT 14

运算的优先顺序如下。

(1)函数；

(2)乘除、逻辑与；

(3)加减、逻辑或、逻辑异或；

(4)可以用〔〕来改变顺序。

3.13.4　赋值语句、条件判别语句和循环语句(华中系统)

1. 赋值语句

格式：宏变量=常数或表达式

把常数或表达式的值送给一个宏变量称为赋值。

例如，#2 = 175/SQRT〔2〕* COS〔55 * PI/180〕

　　　#3 = 124.0

2. 条件判别语句 IF、ELSE、ENDIF

格式 1：

　IF 条件表达式

　…

　ELSE

　…

　ENDIF

格式 2：

　IF 条件表达式

　…

　ENDIF

3. 循环语句 WHILE，ENDW

格式：

WHILE 条件表达式

…

ENDW

【列 3-28】 用宏程序编制图 3-59 所示抛物线 $Z=X^2/8$ 在区间[0,16]内的程序。

```
%8002
#10=0                          (X 坐标)
#11=0                          (Z 坐标)
N10 G92 X0.0 Z0.0
M03 S600
WHILE #10 LE 16
G90 G01 X〔#10〕Z〔#11〕F500
#10=#10+0.08
#11=#10*#10/8
ENDW
G00 Z0 M05
G00 X0
```

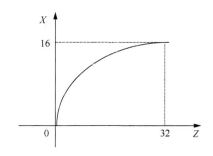

图 3-59 宏程序编制例图

3.13.5 转移与循环指令（FANUC 系统）

1. 无条件转移指令

格式：GOTO n；

其中，n 为顺序号(1～9999)，也可以用表达式指定顺序号。

例如，GOTO 1；转移至 N1 程序段执行

GOTO #10；转移至#10 表达式

2. 条件转移指令

格式：IF〔(条件式)〕GOTO n；

若条件成立，则程序转向程序号为 n 的程序段，若条件不能满足就继续执行下一段程序。条件表达式的种类见表 3-7。

表 3-7 条件表达式的种类

条件式	意　义	示　例	条件式	意　义	示　例
EQ	=	#j EQ #k→#j=#k	GE	≥	#j GE #k→#j≥#k
NE	≠	#j NE #k→#j≠#k	LT	<	#j LT #k→#j<#k
GT	>	#j GT #k→#j>#k	LE	≤	#j LE #k→#j≤#k

条件式中的变量#j 或#k 也可以是常数或表达式，条件表达式必须用"〔〕"括起来。

【例 3-29】 编写宏程序求 1 到 10 之和。

```
O0010;                         (程序名)
#1=0;                          (存储和数变量的初值)
#2=1;                          (被加数变量的初值)
N1 IF〔#2 GT 10〕GOTO 2;        (当加数大于 10 时转移到 N2)
```

```
#1=#1+#2;              (计算和数)
#2=#2+1;               (加数加 1)
GOTO 1;                (转到 N1)
N2 M30;                (程序结束)
```

3. 循环指令

格式:

```
WHILE 〔(条件表达式)〕DO m;  (m=1,2,3)
…
…
END m;
```

若条件成立,程序执行从 DO *m* 到 END *m* 之间的程序段;若条件不成立,执行 END *m* 之后的程序段。DO 和 END 后的数字是用于表明循环执行范围的识别号,可以使用数字 1、2 和 3,如果是其他数字,系统会产生报警。DO-END 循环能够根据需要使用多次,如下所示:

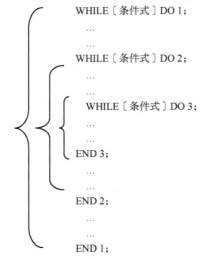

```
WHILE 〔条件式〕DO 1;
    …
    …
WHILE 〔条件式〕DO 2;
        …
        …
    WHILE 〔条件式〕DO 3;
        …
        …
    END 3;
        …
        …
    END 2;
    …
    …
END 1;
```

【例 3-30】　编写宏程序求 1 到 10 之和。

```
O0020;                 (程序名)
#1=0;                  (存储和数变量的初值)
#2=1;                  (被加数变量的初值)
WHILE 〔#2 LE 10〕DO 1; (当加数小于等于 10 时执行 DO 与 END 之间的程序段)
#1=#1+#2;              (计算和数)
#2=#2+1;               (加数加 1)
END1;                  (转到 END1 之后的程序段执行)
M30;                   (程序结束)
```

3.13.6　宏程序的调用(FANUC 系统)

宏程序的调用可以用非模态调用指令(G65)、用模态调用指令(G66、G67)、用 G 代码调用宏程序、用 M 代码调用宏程序。

用宏程序调用(G65)不同于子程序调用(M98)。二者区别如下。

(1)用 G65,可以指定自变量(数据传送到宏程序),M98 没有该功能。

(2) 当 M98 程序段包含另一个 CNC 指令(如 G01 X100 M98 P____)时，在指令执行之后调用子程序。相反，G65 无条件地调用宏程序。

(3) M98 程序段中包含另一个 CNC 指令(如 G01 X100 M98 P____)时，在程序段方式中，机床停止。相反，G65 机床不停止。

(4) 用 G65，改变局部变量的级别。用 M98，不改变局部变量的级别。

1. 宏程序调用指令 G65

在主程序中可以用 G65 调用宏程序。

格式：G65P____L____(自变量赋值)；

其中，P 为定宏程序号；L 为重复调用次数(1～9999，1 次时 L 可以省略)。自变量赋值由地址赋值及数值构成，用以对宏程序中的局部变量赋值。

例如，主程序：

```
O7002;
…
…
G65 P7100 L2 A1 B2;(调用 O7100 宏程序执行,重复调用 2 次,#1=1,#2=2)
…
…
M30;
```

宏程序：

```
O7100;
#3=#1+#2;
IF 〔#3GT360〕GOTO9;
G00 G91 X#3;
N9 M99;
```

2. 自变量赋值

自变量赋值有两种类型。自变量赋值 I 除去 G、L、N、O、P 以外的其他字母作为地址，自变量赋值 II 可使用 A、B、C 每个字母一次，I、J、K 每个字母可使用十次作为地址。表 3-8 和表 3-9 分别为两种类型自变量赋值的地址与变量号码之间的对应关系。

表 3-8　自变量赋值 I 的地址与变量号码之间的对应关系

地　　址	宏程序中的变量	地　　址	宏程序中的变量
A	#1	Q	#17
B	#2	R	#18
C	#3	S	#19
D	#7	T	#20
E	#8	U	#21
F	#9	V	#22
H	#11	W	#23
I	#4	X	#24
J	#5	Y	#25
K	#6	Z	#26
M	#13		

表 3-9　自变量赋值 II 的地址与变量号码之间的对应关系

地　　址	宏程序中变量	地　　址	宏程序中变量
A	#1	K_5	#18
B	#2	I_6	#19
C	#3	J_6	#20
I1	#4	K_6	#21
J1	#5	I_7	#22
K_1	#6	J_7	#23
I_2	#7	K_7	#24
J_2	#8	I_8	#25
K_2	#9	J_8	#26
I_3	#10	K_8	#27
J_3	#11	I_9	#28
K_3	#12	J_9	#29
I_4	#13	K_9	#30
J_4	#14	I_{10}	#31
K_4	#15	J_{10}	#32
I_5	#16	K_{10}	#33
J_6	#17		

说明：

(1)表 3-9 中 I、J、K 的下标只表示顺序，并不写在实际命令中。系统可以根据使用的字母自动判断自变量赋值的类型。

(2)地址 G、L、N、O、P 不能在自变量中使用。

(3)不需要指定的地址可以省略，对应于省略地址的局部变量设为空。

(4)地址不需要按字母顺序指定。但应符合字地址的格式。但是，I、J、K 需要按照字母顺序指定。例如：

```
B___A___D___…J___K___ ；正确
B___A___D___…K___J___ ；不正确
```

(5)任何自变量前必须指定 G65。

(6)CNC 内部自动识别自变量指定 I 和自变量指定 II。如果自变量指定 I 和自变量指定 II 混合指定的话，后指定的自变量类型有效。

3.13.7　典型曲线的宏程序

1. 圆

1)相关的数学知识

(1)圆的标准方程。

如图 3-60 所示，圆心坐标为 (x_0, y_0)。

半径为 r 的圆的标准方程为：

$$(x - x_0)^2 + (y - y_0)^2 = r^2$$

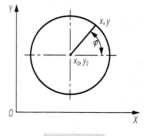

图 3-60　圆

〔2〕圆的参数方程：

$$\begin{cases} x = x_0 + r\cos\varphi \\ y = y_0 + r\sin\varphi \end{cases}$$

式中，φ 为参数。

2) 圆的宏程序编程

【例3-31】　如图3-61所示，试用宏程序编写精加工程序。

分析：此零件加工内容为圆，编制程序的关键是利用三角函数关系建模，并求出圆上各点坐标，最终把各点连在一起，形成圆弧。同时，这里角度遵循数学原则及数控系统的规定，即逆时针方向为正，顺时针方向为负。

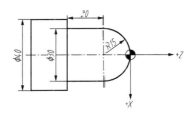

图3-61　珠头轴零件

根据图3-62，$\triangle OAB$ 中，$OB = r = 15$，

$$\sin\phi = \frac{AB}{OB}, \quad \cos\phi = \frac{OA}{OB}$$

$$AB = OB\sin\phi = r\sin\phi, \quad OA = OB\cos\phi = r\cos\phi$$

由于是直径编程，因此 B 点的坐标为

$$x = 2AB = 2r\sin\phi$$

$$z = -(15 - OA) = -15 + r\cos\phi$$

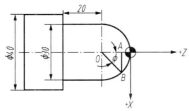

图3-62　圆弧上点的坐标计算图

设置参数如下。

#1=15，圆弧半径；

#2=0，起始角度为0°；

#3=90，终止角度为90°。

加工程序如下：

```
O1011;                       (程序号)
M03 S500;                    (主轴正转,转速为 500r/min)
T0101;                       (换 T0101 外圆车刀)
G00 X0 Z2;                   (快速点定位到圆弧起点)
#1=15;                       (指定圆弧半径)
#2=0;                        (起始角度为 0°)
#3=90;                       (终止角度为 90°)
N10 IF〔#2 GT #3〕GOTO 20;   (如果#2 大于#3,转到 N20 段执行)
#4=2*〔#1〕*SIN〔#2〕;        (圆弧上 X 的坐标值)
#5=-15+#1*COS〔#2〕;          (圆弧上 Z 的坐标值)
G01 X〔#4〕Z〔#5〕F0.1;      (加工拟合的小线段)
#2=#2+1;                     (角度增加 1°)
GOTO 10;                     (转到 N10 段执行)
N20 G01 Z-35;                (加工 φ30mm 外圆)
       X45;                  (X 向退出)
G00 X50 Z150;                (退刀)
M30;                         (程序结束)
```

在该例题中，只要改变#1 的值就可以得到不同半径的圆弧。另外，把角度#2 的增量设为 1°。要想提高加工精度，可以把角度的增量设为 0.1° 甚至更小。

2. 椭圆

1) 相关数学知识

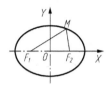

(1) 椭圆的标准方程。如图 3-63 所示，椭圆的标准方程为

$$\frac{x^2}{a^2}+\frac{y^2}{b^2}=1$$

(2) 椭圆的参数方程为

图 3-63　椭圆

$$\begin{cases} x=a\cos\phi \\ y=b\sin\phi \end{cases}$$

式中，a 为常半轴；b 为短半轴，$a>b>0$；ϕ 为参数。

2) 椭圆的宏程序编程

【例 3-32】　椭圆曲面零件如图 3-64 所示，试用宏程序编写精加工程序。

分析：将工件坐标原点建在椭圆中心上。已知椭圆的长半轴为 20mm，短半轴为 15mm。由于是直径编程，因此椭圆的参数方程为

$$\begin{cases} x=2\times15\sin\phi \\ z=20\cos\phi \end{cases}$$

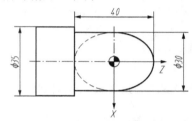

图 3-64　椭圆的宏程序编程实例

加工程序如下：

O1012;	(程序号)
M03 S500;	(主轴正传,转速为 500r/min)
T0101;	(换 T0101 外圆车刀)
G00 X0 Z22;	(快速定位到起刀点)
G01 Z20 F0.2;	(走刀至圆弧起点)
#1=15;	(指定椭圆短半轴长)
#2=20;	(指定椭圆长半轴长)
#3=0;	(起始角度为 0°)
#4=90;	(终止角度为 90°)
N10 IF〔#3 GT #4〕GOTO 20;	(如果#3 大于#4,转到 N20 段执行)
#5=2*〔#1〕*SIN〔#3〕;	(圆弧上 X 的坐标值)
#6=#2*COS〔#3〕;	(圆弧上 z 的坐标值)
G01 X〔#5〕Z〔#6〕F0.1;	(加工拟合的小线段)
#3=#3+0.1;	(角度增加 0.1°)
GOTO 10;	(转到 N10 段执行)
N20 G01 Z-20;	(加工 ϕ30mm 外圆)
X45;	(X 向退出)
G00 X50 Z150;	(退刀)
M30;	(程序结束)

3．双曲线

1）相关数学知识

（1）双曲线的标准方程。如图 3-65 所示，双曲线的标准方程为

$$\frac{x^2}{a^2} - \frac{y^2}{b^2} = 1$$

（2）双曲线的参数方程为

$$\begin{cases} x = a\sec\phi \\ y = b\tan\phi \end{cases}$$

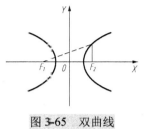

图 3-65　双曲线

式中，$a>0$；$b>0$；ϕ 为参数。

2）双曲线的宏程序编程

【例 3-33】　　双曲线回转零件如图 3-66 所示，试用宏程序编写精加工程序。

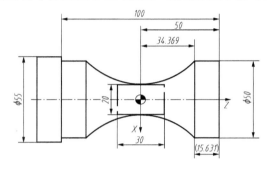

图 3-66　双曲线的宏程序编程实例

分析：加工图 3-66 所示双曲线的回转零件时，一般把工件坐标系原点建立在双曲线对称中心线上，然后使用直线逼近（也称拟合）法，即在 Z 向分段，以 0.2～0.5mm 为一个步距，并把 Z 作为自变量，把 X 作为 Z 的函数。在这里用双曲线的标准方程：

$$\frac{x^2}{a^2} - \frac{y^2}{b^2} = 1$$

在第一、四象限内，双曲线方程可转换为（由于是直径编程，因此 X 的值为 2 倍）：

$$x = 2a\sqrt{1+\frac{z^2}{b^2}}$$

在第二、三象限内，双曲线方程可转换为

$$x = -2a\sqrt{1+\frac{z^2}{b^2}}$$

用变量的形式表示上式为

　　　　　　　　　#5=2*〔#1〕*SQRT〔1+〔#3*#3〕/〔#2*#2〕〕

或　　　　　　　　#5=—2*〔#1〕*SQRT〔1+〔#3*#3〕/〔#2*#2〕〕

已知：a 轴长为 10，b 轴长为 15，双曲线的方程为

$$\frac{x^2}{10^2} - \frac{y^2}{15^2} = 1$$

将 X=25mm 代入上式，得 Z=34.369mm。

加工程序如下：

```
O0023;                                      (程序号)
M03 S800;                                   (主轴正转,转速为800r/min)
T0101;                                      (换T0101外圆车刀)
G00 X0 Z52;                                 (快速定位到起刀点)
G01 Z50;                                    (走刀至圆弧起点)
X50;                                        (车端面)
Z34.369;                                    (走刀至双曲线起点)
#1=10;                                      (双曲线实半轴长)
#2=15;                                      (双曲线虚半轴长)
#3=34.369;                                  (Z的起始值)
#4=-34.369;                                 (Z的终止值)
N10 IF〔#3 LT #4〕GOTO 20;                   (如果#3小于#4,转到N20段执行)
#5=2*〔#1〕*SQRT〔1+〔#3*#3〕/〔#2*#2〕〕;      (圆弧上X的坐标值)
G01 X〔#5〕Z〔#3〕;                           (加工拟合的小线段)
#3=#3-0.5;                                  (Z值减0.5mm)
GOTO 10;                                    (转到N10段执行)
N20 G01 Z-50;                               (加工φ50mm外圆)
X60;                                        (X向退刀)
G00 X70 Z150;                               (退刀)
M30;                                        (程序结束)
```

4．抛物线

1）相关数学知识

如图 3-67 所示，抛物线的标准方程为

$$y^2 = \pm 2px$$

式中，$p > 0$。

2）抛物线的宏程序编程

【例 3-34】　　如图 3-68 所示，已知抛物线方程为 $x^2 = -10z$（x 为半径值），试用宏程序编写精加工程序。

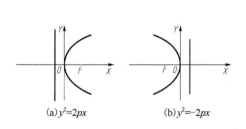

(a) $y^2 = 2px$　　　　　(b) $y^2 = -2px$

图 3-67　抛物线

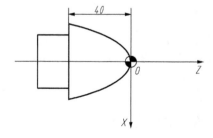

图 3-68　抛物线的宏程序编程实例

分析：如图 3-68 所示，若用直径编程，把 $x = \dfrac{X}{2}$ 代入抛物线方程，抛物线方程应为 $X^2 = -40z$。

编程时，采用循环指令，然后用直线逼近（拟合）法，即在 Z 向分段，以 0.1mm 为一个步距，并把 Z 作为自变量，把 X 作为 Z 的函数。抛物线方程转化为

用变量的形式表示上式为

$$X = \sqrt{(-40z)}$$

#3=SQRT〔-40*〔#1〕〕

加工程序如下：

```
O0026;                      (程序号)
M03 S800;                   (主轴正转,转速为 800r/min)
T0101;                      (换 T0101 外圆车刀)
G00 X0 Z2;                  (快速定位到起刀点)
G01 Z0 F0.1;               (走刀至圆弧起点)
#1=-0.1;                    (循环初值)
#2=-40;                     (循环终值)
WHILE〔#1 GE #2〕DO 1;      (如果#1≥#2,则执行 DO 1 到 END 1 之间的程序)
#3=SQRT〔-40*〔#1〕〕;      (抛物线上 X 的坐标值)
G01 X〔#3〕Z〔#1〕;         (加工拟合的小线段)
#1=#1-0.1;                 (Z 值递减 0.1mm)
END 1;                      (转到 END 1 之后的程序段执行)
G00 X60 Z100;              (退刀)
M30;                        (程序结束)
```

除了椭圆、双曲线、抛物线外，其他一些非圆曲线，如正弦曲线、余弦曲线、正切曲线、螺旋线等曲线，都可以用上述类似的方法进行数学建模，然后用宏程序编程。

第 4 章　数控铣床概述

4.1　数控铣床的分类

4.1.1　数控立式铣床

　　数控立式铣床目前的应用是最广泛的,其中 3 坐标数控立式铣床(图 4-1)占大多数,可进行 3 坐标联动加工,完成轮廓、平面、空间曲面等的加工。但也有部分机床只能进行 3 个坐标中的任意两个坐标联动加工(2 轴半加工)。此外,还有机床主轴可以绕 X、Y、Z 坐标轴中的其中一个或两个轴作数控摆角运动的 4 坐标和 5 坐标数控立铣,如图 4-2 和图 4-3 所示。

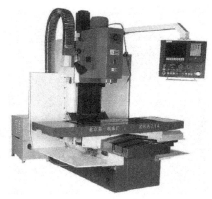

图 4-1　立式 3 轴铣床

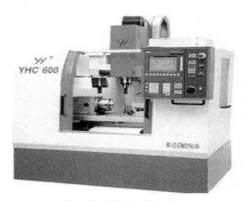

图 4-2　立式 4 轴铣床

4.1.2　数控卧式铣床

　　卧式数控铣床如图 4-4 所示,其主轴轴线平行于水平面。为了扩大加工范围和扩充功能,通常采用增加数控转盘或万能数控转盘来实现 4 轴和 5 轴加工。这样,不但工件侧面上的连续回转轮廓可以加工出来,而且可以实现在一次安装中,通过转盘改变工位,进行 90° 回转的四面加工。其加工能力明显强于立式铣床,但价格比立式铣床昂贵。

图 4-3　立式 5 轴铣床

图 4-4　卧式数控铣床

4.1.3 立卧两用数控铣床

立卧两用数控铣床如图 4-5 所示，目前已不多见。由于这类铣床的主轴方向可以更换，能达到在一台机床上既可以进行立式加工，又可以进行卧式加工，使用范围更广，功能更全，选择加工对象的余地更大，给用户带来不少方便。

4.1.4 龙门式数控铣床

如图 4-6 所示，这类数控铣床主轴可以在龙门架的横向与垂直向溜板上运动，而龙门架则沿床身做纵向运动。大型数控铣床，因要考虑到扩大行程，缩小占地面积及刚性等技术上的问题，往往采用龙门架移动式。

图 4-5 立卧两用数控铣床

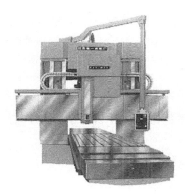

图 4-6 龙门式数控铣床

4.2 数控铣床的组成

数控铣床的组成如图 4-7 所示，主要由数控系统、主传动系统、进给伺服系统和冷却润滑系统等几大部分组成。

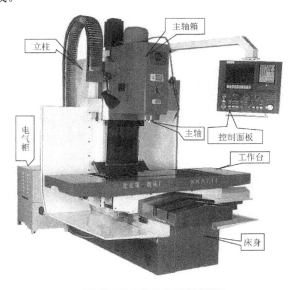

图 4-7 立式数控铣床的结构

4.2.1　主轴箱

它包括主轴箱体和主轴传动系统，用于装夹刀具和带动刀具旋转。主轴的转速范围和输出转矩及主轴的旋转稳定性对加工有直接影响。

4.2.2　进给伺服系统

它由驱动系统、进给伺服电机和进给执行机构组成，其作用是按照程序设定的进给速度实现刀具和工件之间的相对运动，从而加工出符合图样要求的零件。常见的驱动系统有脉冲宽度调制系统、晶体管调速系统和功率放大器。常用的伺服电机有步进电机、直流伺服电机、交流伺服电机等。常用的进给执行机构有滚珠丝杠副、涡轮蜗杆副等。

伺服系统的精度及动态响应决定了数控机床加工零件的表面质量和生产率，整个数控机床的性能主要取决于伺服系统。每个脉冲信号使机床移动部件产生的位移量称为脉冲当量，常用的脉冲当量为 0.001mm /脉冲。

4.2.3　控制系统

数控装置是数控机床的控制核心，它接收输入设备的数字信息，经过数控装置的控制软件和逻辑电路(PLC)进行译码、运算和逻辑处理后，将各种指令信息输出给伺服系统，使设备按照规定的动作执行。

4.2.4　机床本体

机床本体通常是指底座、立柱、横梁等，它是整个机床的支撑、基础和框架。

4.2.5　辅助装置

辅助装置包括液压、气动、润滑、冷却、照明系统和排屑、防护等装置。

4.2.6　检测反馈装置

检测反馈装置的作用是对机床的实际运动速度、方向、位移量以及加工状态加以检测，把检测结果转化为电信号反馈给数控装置。通过比较，计算出实际位置与指令位置之间的偏差，如有误差，数控装置将向伺服系统发出新的修正指令，并如此反复进行，直到消除其误差。

检测反馈系统可分为半闭环和闭环两种系统，常用的检测元件包括光栅尺、圆光栅、磁栅尺、圆磁栅、光电编码器、旋转变压器、测速发电机等。如果不带检测反馈装置，则称为开环系统。

1. 开环控制数控系统

如图 4-8 所示，开环控制数控系统是指不带反馈的控制系统，即系统没有位置反馈元件，通常用功率步进电机或电液伺服电机作为执行元件。

开环控制数控系统具有结构简单、系统稳定、容易调试、成本低等优点。但是对位移部件的误差没有补偿和校正，所以精度低，一般适用于经济型数控机床和旧机床的数控化改造。

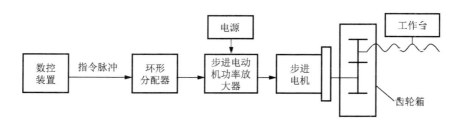

图 4-8　开环控制数控系统

2. 闭环控制数控系统

闭环控制数控系统如图 4-9 所示，是在机床移动部件上直接装有位置检测装置，将测量结果直接反馈到数控装置中，把实际值与指令值进行比较，用得到的差值进行控制，使移动部件按照实际的要求运动，最终实现精确定位。该系统可以消除包括工作台传动链在内的运动误差，因而定位精度高、调节速度快。但闭环伺服系统复杂且成本高，故适用于精度要求很高的数控机床，如精密数控镗铣床、超精密数控车床等。

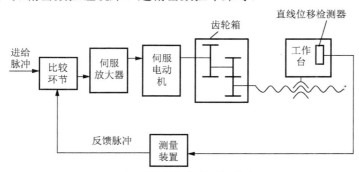

图 4-9　闭环控制数控系统

3. 半闭环控制数控系统

半闭环控制数控系统如图 4-10 所示，为了减少成本，获得稳定的控制特性，在丝杠上装有角位移测量装置(如感应同步器、光电编码器等)，从而间接计算出移动部件的位移，然后反馈到数控系统中，由于机械传动不在检测范围之内，因此称为半闭环控制数控系统。半闭环控制数控系统机械传动环节的误差，可以用消隙补偿的方法消除，因此仍可获得满意的精度。在中档数控机床中广泛采用该系统。

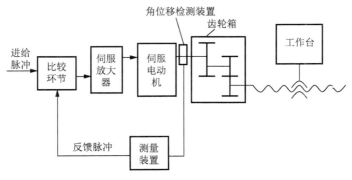

图 4-10　半闭环控制数控系统

4.3 数控铣床坐标系

为了便于编程时描述机床的运动，简化程序的编制方法，及学习者的相互学习和交流，数控机床的坐标系和运动方向均已标准化，如图 4-11 所示。首先分析铣床坐标轴的确定规则。

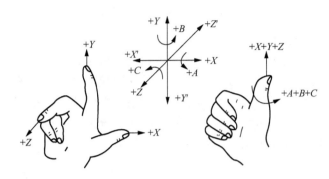

图 4-11 数控铣床坐标系与坐标轴

4.3.1 坐标系、坐标轴的确定原则

ISO 在 2001 年颁布了 ISO 2001 标准，其中规定的命名原则如下。

1. 假设

工件固定，刀具相对工件运动。

刀具相对于静止的工件而运动的原则，使编程人员在不知道是刀具运动还是工件运动的情况下(不同的机床其运动形式也不一样，有的机床工件固定刀具移动，而有些机床却相反)，就可依据零件图样，确定机床的加工过程，并编制加工程序。

2. 标准

标准的机床坐标系是一个右手笛卡儿直角坐标系(拇指为 X 向，食指为 Y 向，中指为 Z 向)。

(1)基本坐标：X、Y、Z 轴由右手定则确定，并统一规定增大刀具与工件之间距离的方向为各坐标轴的正方向。

(2)回转坐标：A、B、C 轴由右手螺旋法则确定。由于刀具与工件之间的运动是相对运动，所以规定工件相对于刀具正方向运动的反方向为+X'、+Y'、+Z'。

3. 坐标轴的实际意义与确定方法

参照图 4-12 和图 4-13 来理解各坐标轴如下。

(1)Z 轴。一般将产生切削力的主轴轴线作为 Z 轴，刀具远离工件的方向为正。

(2)X 轴。X 轴一般位于平行工件装夹面的水平面内。对于刀具做回转运动的机床(如铣床、镗床、铣削中心等)，当 Z 轴竖直时，人站在机床的正前方面对 Z 轴，向右为 X 正方向；当 Z 轴水平时(如卧式铣床)，则向左为 X 正方向。

(3)Y 轴。根据已经确定好的两轴，按照右手笛卡儿直角坐标系确定 Y 轴的方向。

(4)A、B、C 轴。A、B、C 轴为回转进给运动坐标轴(即第四轴)。根据确定的 X、Y、Z 轴，用右手螺旋定则确定其各自的方向。

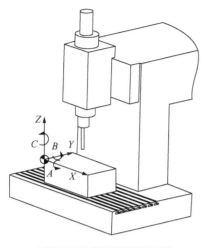

图 4-12　立式铣床坐标轴

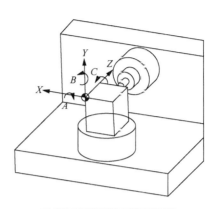

图 4-13　卧式铣床坐标轴

4.3.2　机床原点

机床原点又称机械原点，它是机床坐标系(MCS)的原点。该点是机床上的一个固定点，其位置是由机床设计和制造单位确定的，通常不允许用户改变。机床原点是工件坐标系、机床参考点的基准点。机床坐标系是最基本的坐标系，它用来确定工件坐标系的基本坐标系，是以机床原点为坐标系建立起来的 X、Y、Z 轴直角坐标系。

4.3.3　机床参考点

机床参考点是设置机床坐标系的一个基准点，是机床上的一个固定不变的极限点，通常设置在机床各轴靠近正向的极限位置，其位置由机械挡块或行程开关来确定。通过回机械零点来确认机床坐标系。机床参考点与机床原点的相对位置由机床参数设定，数控机床每次开机后都必须先进行回机床参考点操作，让各坐标轴回到机床一个固定点上，这样才能确定机床原点的位置，从而建立起机床坐标系这一固定点就是机床坐标系的原点或零点，也称为机床参考点，使机床回到这一固定点的操作称为回参考点或回零操作。机床参考点已由机床制造厂家测定后通过参数设定，输入数控系统，一般不需要更改，特殊情况下更改时，必须注意该点与机床极限位置的安全距离。一般数控铣床的机床原点、机床参考点位置如图 4-14 所示。当机床返回参考点时若坐标值显示为零或负数，则机床坐标系中的绝对坐标值均显示为负数，这是因为参考点的位置通常在机床坐标各轴的正向最远方(极限处)。

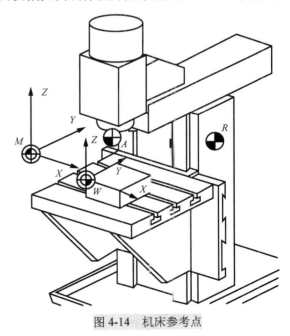

图 4-14　机床参考点

4.3.4　工件坐标系

1. 工件坐标系定义

工件坐标系(WCS)实际上是机床坐标系中的局部坐标系(或称子坐标系)，在编制零件加工程序时，用于描述刀具运动的位置(也称编程坐标系)。

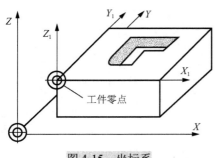

图 4-15　坐标系

与机床坐标系不同，工件坐标系是由编程人员根据情况自行选择的。工件坐标系的原点称为工件原点，也称为工件零点，通常工件的原点设定在工件上某一特定的点上。工件零点一般也是编程零点(或称程序原点)，但特殊情况下两点也可不重合。总之，合理地选择编程零点有时可简化编程，同时便于编程计算。在数控铣床上加工工件时，编程零点一般设在进刀方向一侧工件外轮廓表面的某个角上或中心线上，如图 4-15 所示。图 4-15 显示了工件坐标系与机床坐标系的关系。

2. 工件(编程)坐标系的建立原则

(1)工件零点应选在零件的尺寸基准上，这样便于坐标值的计算，并减少错误。

(2)工件零点尽量选在精度较高的工件表面，以提高被加工零件的加工精度。

(3)对于对称零件，工件零点设在对称中心上。

(4)对于一般零件，工件零点设在工件轮廓某一角上。

(5)Z 轴方向上零点一般设在工件表面。

(6)对于卧式加工中心最好把工件零点设在回转中心上，即设置在工作台回转中心与 Z 轴连线适当位置上。

(7)编程时，应将刀具起点和程序原点设在同一处，这样可以简化程序，便于计算。

第 5 章　数控铣削编程

5.1　零件程序的产生过程

一个零件由图纸到编写出程序，大体会经过图 5-1 所示的过程。

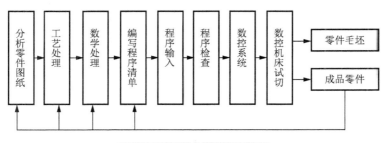

图 5-1　数控机床编程的步骤

5.2　零件程序的产生方法

5.2.1　手工编程

手工编程过程如图 5-2 所示，用人工完成程序编制的全部工作(包括计算机辅助进行数值计算)。手工编程是从零件图样分析、工艺分析、数值计算、编写程序清单、输入程序直至程序校验等各个步骤均由人工完成的编程方法。该方法比较简单，容易掌握，适用于中等复杂程度、无空间曲面、计算量不大的零件编程，对机床操作人员来讲必须掌握。

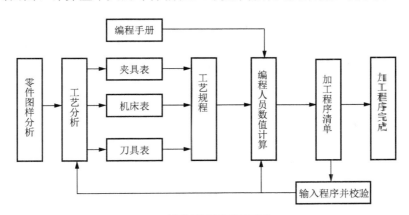

图 5-2　手工编程的过程

手工编程目前仍是广泛采用的编程方式，即使在计算机自动编程高速发展的今天，手工编程的重要地位也不可取代，它是自动编程的基础。在先进的自动编程的者多方法中，许多参数的选择与路径的设定，其经验都来源于手工编程，并且不断丰富和推动自动编程的发展。

对于刚刚踏入数控加工领域的操作者来说，应以掌握手工编程的基本知识为重点，在此基础上再学习自动编程，会容易得多。

5.2.2　自动编程

自动编程就是计算机辅助编程，其步骤如图 5-3 所示。它是利用通用计算机和相应处理软件对工件源程序或 CAD 图形进行处理，得到加工路径，并借助相应的后处理功能转化得到数控加工程序的一种方法。自动编程是计算机技术在机械制造业中的一个主要应用领域。

根据编程信息的输入与计算机对信息的处理方式不同，分为以自动编程语言为基础的自动编程方法和以计算机绘图为基础的自动编程方法。前者的发展比较早，而后者的发展相对较晚，这主要是因为计算机图形技术发展相对落后。

1. APT 系统

最早出现的是 APT 系统，使用 APT 系统，编程人员仍然要从事烦琐的预编程工作。但是由于使用计算机代替程序编制人员完成了烦琐的数值计算工作，并省去了编写程序清单的工作量，因此可将编制数控程序的效率提高数十倍。

2. CAD/CAM 集成系统的数控编程

目前该技术已经很成熟，已成为数控加工自动编程的主流，大大减少了程序的出错率，提高了编程效率和编程可靠性，对于各种工件都能编制程序，简单零件可一次调试编制成功。自动编程所用的零件图是由设计者根据使用要求而设计的。在 CAD/CAM 集成系统中，它可由 CAD 软件产生，采用人机交互的方式对零件的几何模型进行绘制、编辑和维修，从而得到零件的几何模型。然后对机床和刀具进行定义和选择，并定义合适的毛坯，再确定刀具相对于零件表面的运动形式并设定合适的切削加工参数，最后生成刀具轨迹。现在的 CAD/CAM 软件中还有加工轨迹的模拟仿真功能，用于验证刀具轨迹的正确性，从而辅助刀具轨迹的编辑修改，直到正确为止，最后采用软件所带的适合所使用机床的后置处理，将轨迹路径转化为程序代码。使用这类软件对加工程序的生成和修改都非常方便，大大提高了编程效率。对于大型的较为复杂的零件的编程显得更为突出，其编程时间大约为 APT 编程时间的几分之一，经济效益十分明显。现在的自动编程方法一般是指 CAD/CAM 的自动编程，狭义的 CAM 就是这种自动编程。

国内外常用的 CAM 编程软件有 UG、Pro/Engineer、CATIA、Cimatron、MasterCAM、CAXA 制造工程师等。

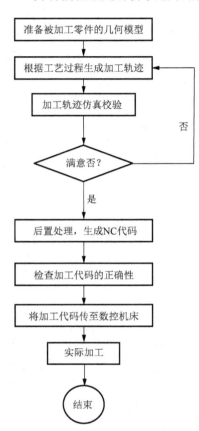

图 5-3　计算机辅助编程的步骤

1) UG

UG 是美国 EDS 公司出品的 CAD/CAM/CAE 一体化的大型软件,它最早由麦道航空公司研制开发,从二维绘图、三维造型、数控加工编程、曲面造型等功能发展起来。经过多年发展,该系统本身以曲面造型和数控加工功能见长,还具有管理复杂产品装配,进行多种设计方案的对比分析和优化等功能。该系统具有丰富的数控加工编程能力,是目前市场上数控加工编程能力最强的 CAD/CAM 集成系统之一,其功能如下。

(1)车削加工编程。

(2)型芯和型腔铣削加工编程。

(3)固定轴铣削加工编程。

(4)清根切削加工编程。

(5)可变轴铣削加工编程。

(6)顺序铣削加工编程。

(7)线切割加工编程。

(8)刀具轨迹编辑。

(9)刀具轨迹干涉处理。

(10)刀具轨迹验证、切削加工过程仿真与机床仿真,通用后置处理。

2) Pro/Engineer

Pro/Engineer 是美国 PTC 公司研制和开发的软件,它开创了三维 CAD/CAM 参数化的先河,支持 3 轴到 5 轴的加工。该软件具有基于特征、全参数、全相关和单一数据库的特点,可用于设计和加工复杂的零件。另外,它还具有零件装配、机构仿真、有限元分析、逆向工程、同步工程等功能,该软件也具有较好的二次开发环境和数据交换能力,Pro/Engineer 系统的核心技术具有以下特点。

(1)基于特征。将某些具有代表性的平面几何形状定义为特征,并将其所有尺寸存为可变参数,进而形成实体,以此为基础进行更为复杂的几何形体的构建。

(2)全尺寸约束。将形状和尺寸结合起来考虑,通过尺寸约束实现对几何形状的控制。

(3)尺寸驱动设计修改。通过编辑尺寸数值可以改变几何形状。

(4)全数据相关。尺寸参数的修改导致其他模块中的相关尺寸得以更新。如果要修改零件的形状,只需修改零件上的相关尺寸。

Pro/Engineer 已广泛应用于模具、工业设计、航天、玩具等领域,并在国际 CAD/CAM/CAE 市场上占有较大的份额。

3) CATIA

CATIA 是 IBM 下属的 Dassault 公司出品的 CAD/CAM/CAE 一体化的大型软件,功能强大,支持 3 轴到 5 轴的加工,支持高速加工,是最早实现曲面造型的软件,它开创了三维设计的新时代,它的出现,首次实现了计算机完整描述产品零件的主要信息,使 CAM 技术的开发有了现实的基础。目前 CATIA 系统已发展成从产品设计、产品分析、加工、装配和检验,到过程管理、虚拟运作等众多功能的大型 CAD/CAM/CAE 软件。在 CATIA 中与制造相关的模块包括:①制造基础框架;②2 轴半加工编程器;③曲面加工编程器;④多轴加工编程器;⑤注模和压模加工辅助器;⑥刀具库存取。

4）Cimatron

Cimatron 是以色列的 CIMATRON 公司出品的 CAD/CAM 集成软件，相对于前面的大型软件来说，是一个中端的专业加工软件，支持 3 轴到 5 轴的加工，支持高速加工，它是一个集成的 CAD/CAM 产品，在一个统一的系统环境下，使用统一的数据库，用户可以完成产品的结构设计、零件设计、输出设计图纸，可以根据零件的三维模型进行手工或自动的模具分模，再对凸、凹模进行自动的 NC 加工，输出加工的 NC 代码。

Cimatron CAD/CAM 工作环境是专门针对工模具行业设计开发的。在整个工具制造过程中的每一阶段，用户都会得益于全新的、更高层次的针对注模和冲模设计与制造的迅速性和灵活性。

5）PowerMILL（PM）

它是英国的 DelcamPlc 公司出品的专业 CAM 软件，是目前唯一与 CAD 系统相分离的 CAM 软件（但自身有绘制二维图形的插件），其功能强大，加工策略也非常丰富，目前，支持 3 轴到 5 轴的铣削加工，支持高速加工。

6）Master CAM

Master CAM 是由美国 CNC Software 公司推出的基于 PC 平台上的 CAD/CAM 软件，它具有很强的加工功能，尤其在对复杂曲面自动生成加工代码方面具有独到的优势。Master CAM 主要针对数控加工，零件的设计造型功能不强，但对硬件的要求不高，且操作灵活、易学易用且价格较低，受到中小企业的欢迎。该软件被公认为是一个图形交互式 CAM 数控编程系统。该软件用户数量最多，许多学校都广泛使用该软件作为机械制造及 NC 程序编制的范例软件。

7）EdgeCAM

EdgeCAM 是由英国 Pathtrace 工程系统公司开发的一套智能数控编程系统；主要应用在数控铣削、数控车削和数控线切割等领域；该公司成立于 1982 年，总部位于英国伯克郡雷丁市，多年从事 CAD/CAM 软件系统的研发和技术服务，其产品 EdgeCAM 在模具加工、工具制造、机床生产等行业具有重要的影响力，被权威机构评为"世界上装机量和销售量增长最快的公司之一"，并且"在车削、车铣和多轴铣切编程技术开发方面处于世界领先地位，在模具行业也具有出色的表现"。Pathtrace 公司在全球的许多地区建立了分公司和办事处，并且与多家 CAD 软件开发商建立战略伙伴关系，使产品具备了更为广泛的适用性。为配合中国市场的发展并满足中国客户的需要，Pathtrace 公司在北京设立了中国办事处，进行 EdgeCAM 软件系统的本地化工作，以便更好地服务于中国市场。

8）WorkNC

WorkNC 是由法国 Sescoi 公司于 1987 年研制开发的面向汽车、模具等加工行业的全自动计算机辅助制造（CAM）软件系统。其易学易用的操作性能、丰富的加工策略以及独特的高效率刀轨生成技术，使 WorkNC 软件一直处于 NC 编程技术革新的前沿，领导着智能化 CAM 的发展趋势。其主要特点包括如下。

（1）卓越的自动化功能：加工残料的自动判别、经验参数的自动共享等智能化处理，完全排除了 NC 编程中的人为过失，使用户享受到真正意义上的"无人加工"和"全自动加工"。

（2）丰富的加工策略：从 2 轴到联动 5 轴，从粗加工到精加工，WorkNC 能满足所有

NC 控制系统及不同的机床性能,能快速高效地生成最大程度发挥 CNC 数控机床性能的加工程序。

(3)强大的粗加工及再粗加工:使用特有的动态余量模型技术,对加工余量的大小及范围进行自动判断,并结合高速加工的切削动作,生成效率极高的粗加工刀轨,同时满足固定 5 轴二次开粗的效率和安全性要求。

(4)后台计算及批处理模式:对系统资源占用极少,符合并行工程的理念,可以使用多窗口多工件的同步处理模式,提高计算机使用效率。

(5)实用的刀具库和刀把库:将与刀具相关的加工条件信息进行数据库化的管理和运用,计算最佳刀长并可根据刀长设定分割刀轨,为加工现场提供安全高效的 NC 数据。

(6)面向加工工艺的 CAM 模版:将成熟的工艺路线进行简单再现,不依靠 CAD 数据的几何特征,简化编程工作的同时,可以排除人为过失,稳定程序质量。依托软件平台促进编程过程及加工工艺的规范化管理。

(7)由 WorkNC 独创的 Auto5 功能:自动将 3 轴程序按多种策略转换成安全高效实用的联动 5 轴程序,符合一般加工,特别是模具加工的思维模式,通过最简单的设定可以生成无碰撞并满足机床运动学限制的高效刀轨,并可获得更高的切削品质。

9)TopSolid

TopSolid 是运行于 Windows 环境下的当代 CAD 产品。TopSolid 是 Miss.er Software 开发的集成系列软件解决方案中的核心产品,它为通用机械行业提供了一个从设计到制造的完整的集成的解决方案。

该系列产品包括如下。

(1)TopSolid'Design:3D 设计和实体、曲面建模。

(2)TopSolid'Draft:2D 设计和平面绘图。

(3)TopSolid'Castor:有限元分析。

(4)TopSolid'Motion:动力学运动仿真。

(5)TopSolid'Mold:注塑模具设计。

(6)TopSolid'Progress:连续和冲压模具设计。

(7)TopSolid'Fold:钣金零件设计和展开。

(8)TopSolid'Cam:2 轴到 5 轴的 2D/3D 数控铣、数控车。

(9)TopSolid'Wire:线切割。

(10)TopSolid'PunchCut:钣金冲裁和激光切割。

10)CAXA 制造工程师

CAXA 制造工程师是北京北航海尔软件公司开发的基于 PC 平台的 CAD/CAM 软件,是我国自主研发的一款软件。其功能与前面介绍的软件相比较,在功能上稍差一些,但价格便宜,而且比较容易掌握,比较适合学生的初学与自学,可以作为学生学习其他编程软件的基础。同时从机械制造工程师 CAXA2008 版开始,其加工功能与加工策略较以前版本有了很大程度的提高,特别是开放了 4 轴与 5 轴加工方法,同时对宏加工有了很大的支持,可以加工倒圆与倒角并生成宏程序,机械制造工程师 CAXA2008 还集成了编程助手小软件,对数控编程的学习及校验传输提供了一个有力的工具。它也被指定为 2009 年全国职业院校数控大赛的专用软件,读者应该对该软件进行了解和掌握并加以推广。

现在的 CAD/CAM 软件有很多，还有 HyperMILL、SolidCAM、CAMWork 等，在此不再详述。

5.3　数控铣削编程常用 G 指令
（以 FANUC 系统为例）

数控铣削编程常用 G 指令代码如表 5-1 所示。

表 5-1　准备功能（G 代码）一览表

代码	组号	意义	代码	组号	意义	代码	组号	意义
*G00	01	快速点定位	G28	00	回参考点	G52	00	局部坐标系设定
G01		直线插补	G29		参考点返回	G53		机床坐标系编程
G02		顺圆插补	*G40	09	刀径补偿取消	*G54~G59	11	工件坐标系 1~6 选择
G03		逆圆插补	G41		刀径左补偿			
G33		螺纹切削	G42		刀径右补偿	G92		工件坐标系设定
G04	00	暂停延时	G43	10	刀长正补偿	G65	00	宏指令调用
G07	00	虚轴指定	G44		刀长负补偿	G73~G89	06	钻、镗循环
*G11	07	单段允许	*G49		刀长补偿取消			
G12		单段禁止	*G50	04	缩放关	*G90	13	绝对坐标编程
*G17	02	XY 加工平面	G51		缩放开	G91		增量坐标编程
G18		ZX 加工平面	G50.1（华中 G24）	03	镜像开	*G94	14	每分钟进给方式
G19		YZ 加工平面	G51.1（华中 *G25）		镜像关	G95		每转进给方式
G20	08	英制单位	G68	05	旋转变换	G98	15	回初始平面
*G21		公制单位	*G69		旋转取消	*G99		回参考平面

注：带*的 G 代码为机体开机的默认状态。

没有共同参数的不同组 G 代码可以放在同一程序段中，而且与顺序无关。例如，G90、G17 可与 G01 放在同一程序段，但 G24、G68、G51 等不能与 G01 放在同一程序段。

5.3.1　加工坐标系选择指令 G54~G59

格式：G54 G90 G00 (G01) X___Y___Z___(F___)；

该指令执行后，所有坐标值指定的坐标尺寸都是选定的工件加工坐标系中的位置。1~6 号工件加工坐标系是通过 CRT/MDI 方式设置的。

例如，在图 5-4 中，用 CRT/MDI 在参数设置方式下设置了两个加工坐标系：

G54：X-50　Y-50　Z-10；
G55：X-100　Y-100　Z-20；

这时，建立了原点在 O' 的 G54 加工坐标系和原点在 O'' 的 G55 加工坐标系。若执行下述程序段：

    N20　G54　G90　G01　X50　Y0　Z0　F100；
    N30　G55　G90　G01　X100　Y0　Z0　F100；

则刀尖点的运动轨迹如图 5-4 中 AB 所示。

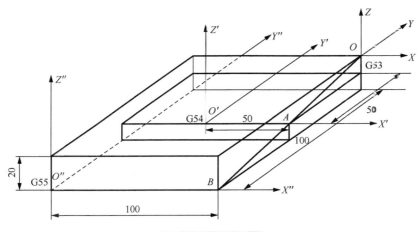

图 5-4 加工坐标系

5.3.2 设置加工坐标系指令 G92

格式: G92 X___Y___Z___;

G92 指令是将加工原点设定在相对于刀具起始点的某一空间点上。若程序格式为

G92 Xa Yb Zc;

则将加工原点设定到距刀具起始点距离为 $X=-a$, $Y=-b$, $Z=-c$ 的位置上。

例如: G92 X20 Y10 Z10;

其确立的加工原点在距离刀具起始点 $X=-20$, $Y=-10$, $Z=-10$ 的位置上，如图 5-5 所示。

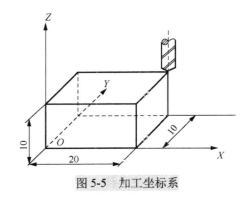

图 5-5 加工坐标系

注: 当执行程序段 "G92 X10 Y10" 时，常会认为是刀具在运行程序后到达 X10 Y10 点上。其实，G92 指令程序段只是设定加工坐标系，并不产生任何动作，这时刀具已在加工坐标系中的 X10 Y10 点上。

注意:

(1) G92 与 G54~G59 的区别。

G92 指令与 G54~G59 指令都是用于设定工件加工坐标系的，但在使用中是有区别的。G92 指令是通过程序来设定、选用加工坐标系的，它所设定的加工坐标系原点与当前刀具所在的位置有关，这一加工原点在机床坐标系中的位置是随当前刀具位置的不同而改变的。二者在同一个程序中不能混用。

(2) G54 与 G55~G59 的区别。

G54~G59 设置加工坐标系的方法是一样的，但在实际情况下，机床厂家为了用户的不同需要，在使用中有以下区别：利用 G54 设置机床原点的情况下，进行回参考点操作时机床坐标值显示为 G54 的设定值，且符号均为正；利用 G55~G59 设置加工坐标系的情况下，进行回参考点操作时机床坐标值显示零值。

5.3.3　平面选择指令 G17、G18、G19

平面选择 G17、G18、G19 指令分别用来指定程序段中刀具的插补平面和刀具半径补偿平面。

G17：选择 XY 平面；

G18：选择 ZX 平面；

G19：选择 YZ 平面；

G17、G18、G19 为模态功能，可相互注销、G17 为默认值。

注意：直线移动指令与平面选择无关，执行指令 G17 G01 Z10 时，Z 轴照样会移动；圆弧插补及刀具的半径补偿功能才与平面选择有关。

5.3.4　绝对值输入指令 G90、增量值输入指令 G91

G90 指令规定在编程时按绝对值方式输入坐标，即移动指令终点的坐标值 x、y、z 都是以工件坐标系坐标原点(程序零点)为基准来计算的。

G91 指令规定在编程时按增量值方式输入坐标，即移动指令终点的坐标值 x、y、z 都是以起始点为基准来计算的，再根据终点相对于始点的方向判断正负，与坐标轴同向取正，反向取负。

G90、G91 为模态功能，可相互注销，G90 为默认值。

如图 5-6 所示，使用 G90、G91 编程要求刀具由原点按顺序移动到 1、2、3 点。

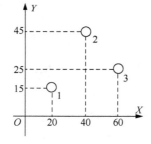

G90 编程		
N10	X20	Y15;
N20	X40	Y45;
N30	X60	Y25;

G91 编程		
N10	X20	Y15;
N20	X20	Y30;
N30	X20	Y-20;

图 5-6　两种编程方式

用 G90、G91 两种编程方式如下。

(1)G90 编程：N10　X20　　Y15;
　　　　　　　N20　X40　　Y45;
　　　　　　　N30　X60　　Y25;

(2)G91 编程：N10　X20　　Y15;
　　　　　　　N20　X20　　Y30;
　　　　　　　N30　X20　　Y-20;

选择合适的编程方式可使编程简化，当图纸尺寸由一个固定基准给定时，采用绝对方式编程较为方便，而当图纸尺寸是以轮廓顶点之间的间距给出时，采用相对方式编程较为方便。

5.3.5　快速定位指令 G00

1)功能

从所在点，按机床提供的快速进给速度移动到规定位置。

2）格式

　G00　X___Y___Z___A___；

3）说明

X、Y、Z、A：快速定位终点，在 G90 时为终点在工件坐标系中的坐标，在 G91 时为终点相对于起点的位移量。

G00 指令刀具相对于工件以各轴预先设定的速度，从当前位置快速移动到程序段指令的定位目标点。

G00 指令中的快移速度由机床参数"快移进给速度"对各轴分别设定，不能用 F 规定。

G00 指令一般用于加工前快速定位或加工后快速退刀。

快移速度可由面板上的快速修调按键修正。

G00 指令为模态功能，可由 G01、G02、G03 功能注销。

注意：

在执行 G00 指令时，由于各轴以各自速度移动，不能保证各轴同时到达终点，因而联动直线轴的合成轨迹不一定是直线，操作者必须格外小心，以免刀具与工件发生碰撞。常见的做法是，将 Z 轴移动到安全高度，再放心地执行 G00 指令。

（1）当 Z 轴按指令远离工作台时，先 Z 轴运动，再 X、Y 轴运动。当 Z 轴按指令接近工作台时，先 X、Y 轴运动，再 Z 轴运动。

（2）不运动的坐标可以省略，省略的坐标轴不做任何运动。

（3）目标点的坐标值可以用绝对值，也可以用增量值。

（4）G00 功能起作用时，其移动速度为系统设定的最高速度。

编程实例：如图 5-7 所示，使用 G00 编程，要求刀具从 A 点快速定位到 B 点。

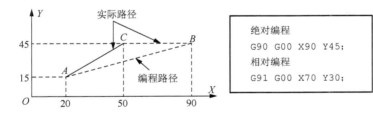

图 5-7　G00 编程

编程结果如下。

（1）绝对编程：G90 G00 X90 Y45；

（2）相对编程：G91 G00 X70 Y30；

当 X 轴和 Y 轴的快进速度相同时，从 A 点到 B 点的快速定位路线为 ACB，即以折线的方式到达 B 点，而不是以直线方式从 A 到 B。

5.3.6　插补指令

1. 直线插补指令 G01

1）功能

以给定的进给速度，采用直线插补方式进行切削加工。

2)格式

```
G01 X___Y___Z___F___A;
```

3)说明

（1）X、Y、Z、A 为线性进给终点。

（2）在 G90 时为终点在工件坐标系中的坐标。

（3）在 G91 时为终点相对于起点的位移量。

（4）F 为进给速度，移动速度可由面板上的修调按键修正。

G01 指令刀具以联动的方式，按 F 规定的合成进给速度从当前位置按线性路线（联动直线轴的合成轨迹为直线）移动到程序段指令的终点。

G01 指令为模态代码，可由 G00、G02、G03 功能注销。

注意：G00 与 G01 的区别如表 5-2 所示。

表 5-2　G00 与 G01 的区别

区别	G01	G00
应用场合不同	直线加工	快速定位（非加工时的刀具移动）
速度控制不同	各轴联动，进给速度由 F 指令控制	各轴不联动，移动速度由机床参数控制

【例 5-1】　（图 5-8）

绝对值方式编程：

```
G90 G01 X40. Y30. F300;
```

增量值方式编程：

```
G91 G01 X30. Y20. F300;
```

2. 顺时针圆弧插补指令 G02、逆时针圆弧插补指令 G03

1)功能

使刀具在给定平面内，以给定的进给速度进行顺时针（逆时针）圆弧插补加工，切削出圆弧轮廓。

2)G02、G03 的确定（图 5-9）

图 5-8　绝对值与增量值编程

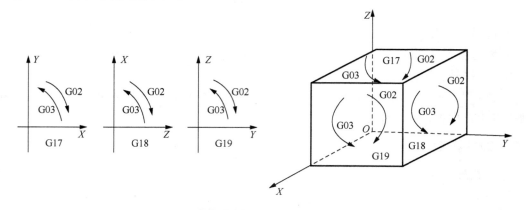

图 5-9　G02、G03 的确定

圆弧走向的顺逆应是从垂直于圆弧加工平面的第三轴的正方向看到的回转方向。

3) 格式

$$G17 \begin{Bmatrix} G02 \\ G03 \end{Bmatrix} X\_\_Y\_\_ \begin{Bmatrix} I\_\_J\_\_ \\ R\_\_ \end{Bmatrix} F\_\_ ;$$

$$G18 \begin{Bmatrix} G02 \\ G03 \end{Bmatrix} X\_\_Z\_\_ \begin{Bmatrix} I\_\_K\_\_ \\ R\_\_ \end{Bmatrix} F\_\_ ;$$

$$G19 \begin{Bmatrix} G02 \\ G03 \end{Bmatrix} Y\_\_Z\_\_ \begin{Bmatrix} J\_\_K\_\_ \\ R\_\_ \end{Bmatrix} F\_\_ ;$$

4) 说明

(1) G02 为顺时针圆弧插补。

(2) G03 为逆时针圆弧插补。

(3) G17 为 *XY* 平面的圆弧。

(4) G18 为 *ZX* 平面的圆弧。

(5) G19 为 *YZ* 平面的圆弧。

(6) X、Y、Z 为圆弧终点在 G90 时为圆弧终点在工件坐标系中的坐标，在 G91 时为圆弧终点相对于圆弧起点的位移量。

(7) I、J、K 为圆心相对于圆弧起点的偏移值（等于圆心的坐标减去圆弧起点的坐标，在 G90 和 G91 时都是以增量方式指定）。即 I、J、K 表示圆弧圆心的坐标，它是圆心相对起点在 X、Y、Z 轴方向上的增量值，也可以理解为圆弧起点到圆心的矢量（矢量方向指向圆心）在 X、Y、Z 轴上的投影，与前面定义的 G90 或 G91 无关，各参数如图 5-10 所示。

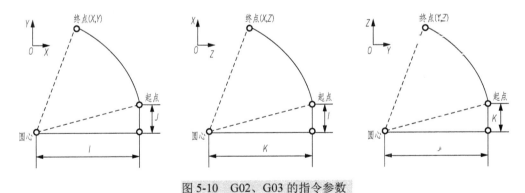

图 5-10　G02、G03 的指令参数

(8) R 为圆弧半径，当圆弧圆心角小于等于 180° 时，R 为正值，否则 R 为负值。

(9) F 为被编程的两个轴的合成进给速度。

【例 5-2】　使用 G02 对图 5-11 所示劣弧 *a* 和优弧 *b* 编程。

编程结果如下：

(1) 圆弧 *a*：G91 G02 X30 Y30 R30 F300;

　　　　　　G91 G02 X30 Y30 I30 J0 F300;

　　　　　　G90 G02 X0 Y30 R30 F300;

　　　　　　G90 G02 X0 Y30 I30 J0 F300;

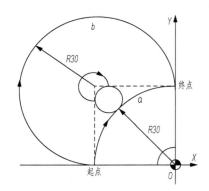

圆弧编程的 4 种方法组合
圆弧 *a*
G91 G02 X30 Y30 R30 F300;
G91 G02 X30 Y30 I30 J0 F300;
G90 G02 X0 Y30 R30 F300;
G90 G02 X0 Y30 I30 J0 F300;
圆弧 *b*
G91 G02 X30 Y30 R-30 F300;
G91 G02 X30 Y30 I0 J30 F300;
G90 G02 X0 Y30 R-30 F300;
G90 G02 X0 Y30 I0 J30 F300;

图 5-11　用 G02 对优弧与劣弧编程

(2)圆弧 *b*：G91 G02 X30 Y30 R-30 F300;

　　　　　　G91 G02 X30 Y30 I0 J30 F300;

　　　　　　G90 G02 X0 Y30 R-30 F300;

　　　　　　G90 G02 X0 Y30 I0 J30 F300;

【例 5-3】　　使用 G02 和 G03 对图 5-12 所示的整圆编程。

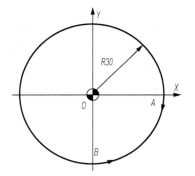

从 *A* 点顺时针一周时
G90 G02 X30 Y0 I-30 J0 F300;
G91 G02 X0 Y0 I-30 J0 F300;
从 *B* 点逆时针一周时
G90 G03 X0 Y-30 I0 J30 F300;
G91 G03 X0 Y0 I0 J30 F300;

图 5-12　用 G02 和 G03 对整圆编程

编程结果如果下。

(1)从 *A* 点顺时针一周时：G90 G02 X30 Y0 I-30 J0 F300;

　　　　　　　　　　　　　　G91 G02 X0 Y0 I-30 J0 F300;

(2)从 *B* 点逆时针一周时：G90 G03 X0 Y-30 I0 J30 F300;

　　　　　　　　　　　　　　G91 G03 X0 Y0 I0 J30 F300;

注意：

(1)顺时针或逆时针是从垂直于圆弧所在平面的坐标轴的正方向看到的回转方向。

(2)整圆编程时不可以使用 R 只能用 I、J、K。

(3)同时编入 R 与 I、J、K 时 R 有效。

3. 螺旋线插补指令

1)实质

螺旋线的形成是刀具做圆弧插补运动的同时与之同步地做轴向运动。

2）格式

$$G17 \begin{Bmatrix} G02 \\ G03 \end{Bmatrix} X\_\_Y\_\_ \begin{Bmatrix} I\_\_J\_\_ \\ R\_\_ \end{Bmatrix} Z\_\_F\_\_ ;$$

$$G18 \begin{Bmatrix} G02 \\ G03 \end{Bmatrix} X\_\_Z\_\_ \begin{Bmatrix} I\_\_K\_\_ \\ R\_\_ \end{Bmatrix} Y\_\_F\_\_ ;$$

$$G19 \begin{Bmatrix} G02 \\ G03 \end{Bmatrix} Y\_\_Z\_\_ \begin{Bmatrix} J\_\_K\_\_ \\ R\_\_ \end{Bmatrix} X\_\_F\_\_ ;$$

3）说明

（1）X、Y、Z 中由 G17、G18、G19 平面选定的两个坐标为螺旋线投影圆弧的终点，意义同圆弧进给，第三坐标是与选定平面相垂直的轴终点。

（2）其余参数的意义同圆弧进给，如图 5-13 所示。

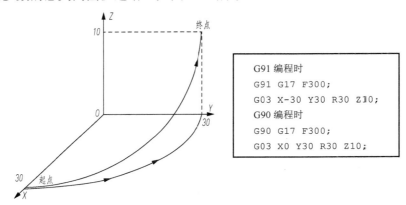

图 5-13　螺旋线插补

该指令对另一个不在圆弧平面上的坐标轴施加运动指令，对于任何小于 360°的圆弧，可附加任一数值的单轴指令。

4）举例

使用 G03 对图 5-13 所示的螺旋线编程。

编程结果如下。

（1）G91 编程时：G91 G17 F300;

　　　　　　　　G03 X-30 Y30 R30 Z10;

（2）G90 编程时：G90 G17 F300;

　　　　　　　　G03 X0 Y30 R30 Z10;

5.3.7　英制输入指令 G20、米制输入指令 G21、脉冲当量输入指令 G22

G20 和 G21、G22 是三个可以互相取代的代码。机床出厂前一般设定为 G21 状态，机床的各项参数均以米制单位设定，所以数控车床一般适用于米制尺寸工件加工，如果一个程序开始用 G20 指令，则表示程序中相关的一些数据均为英制（单位为英寸）；如果程序用 G21 指令，则表示程序中相关的一些数据均为米制（单位为 mm）；如果程序用 G22 指令，则表示程序中相关的一些数据单位均为脉冲当量。在一个程序内，不能同时使用 G20 或 G21、G22 指令，且必须在坐标系确定前指定。G20 或 G21、G22 指令断电前后一致，即停电前使用 G20 或 G21、G22 指令，在下次后仍有效，除非重新设定。

5.3.8 进给速度单位的设定指令 G94、G95

1）格式

```
G94  F___;
G95  F___;
```

2）说明

（1）G94 为每分钟进给。

（2）G95 为每转进给。

（3）G94 为每分钟进给，对于线性轴，F 的单位依 G02/G21/G22 设定为 mm/min,in/min 或脉冲当量/min；对于旋转轴，F 的单位为度/min 或脉冲当量/min。

（4）G95 为每转进给，即主轴转一周时刀具的进给量。F 的单位依 G02/G21/G22 设定为 mm/r,in/r 或脉冲当量/r。这个功能只在主轴装有编码器时才能使用。

（5）G94、G95 为模态功能，可相互注销，G94 为默认值。

5.3.9 暂停指令 G04

1）格式

```
G04  X(U)___;（华中系统为 G04  P_)
```

2）说明

（1）X(U)为暂停时间，后面的数字为带小数点的数，单位为秒。

（2）P 为暂停时间，后面的数字为整数，单位为毫秒。

（3）G04 在前一程序段的进给速度降到零之后才开始暂停动作。

（4）在执行含 G04 指令的程序段时，先执行暂停功能。

（5）G04 为非模态指令，仅在其被规定的程序段中有效。

【例 5-4】 编制图 5-14 所示零件的钻孔加工程序。

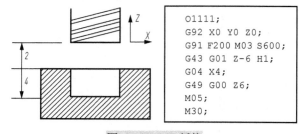

```
O1111;
G92 X0 Y0 Z0;
G91 F200 M03 S600;
G43 G01 Z-6 H1;
G04 X4;
G49 G00 Z6;
M05;
M30;
```

图 5-14 G04 暂停

程序如下：

```
O1111;
G92 X0 Y0 Z0;
G91 F200 M03 S600;
G43 G01 Z-6 H1;
G04 X4;
G49 G00 Z6;
```

```
M05;
M30;
```

G04 可使刀具作短暂停留，以获得圆整而光滑的表面。当对不通孔作深度控制时，在刀具进给到规定深度后，用暂停指令使刀具作非进给光整切削，然后退刀，保证孔底平整。

5.3.10　参考点返回指令 G27、G28、G29、G30

1. 返回参考点校验功能 G27

程序中的这项功能，用于检查机床是否能准确返回参考点。

格式：G27 X___Y___；

当执行 G27 指令后，返回各轴参考点指示灯分别点亮。当使用刀具补偿功能时，指示灯是不亮的，所以在取消刀具补偿功能后，才能使用 G27 指令。当返回参考点对校验功能程序段完成，需要使机械系统停止，必须在下一个程序段后增加 M00 或 M01 等辅助功能或在单程序段情况下运行。

2. 自动返回参考点 G28

格式：

G90(G91)G28 X___Y___；或 G90(G91)G28 Z___X___；或 G90(G91)G28 Y___Z___；
其中：X、Y、Z 为中间点位置坐标，指令执行后，所有的受控轴都将快速定位到中间点,然后再从中间点到参考点。

G28 指令一般用于自动换刀，所以使用 G28 指令时，应取消刀具的补偿功能。

3. 参考点自动返回指令 G29

从参考点自动返回指令 G29 的形式为：

G90(G91)G29 X___Y___；或 G90(G91)G29 Z___X___；或 G90(G91)G29 Y___Z___；

这条指令一般紧跟在 G28 指令后使用，指令中的 X、Y、Z 坐标值是执行完 G29 后，刀具应到达的坐标点。它的动作顺序是从参考点快速到达 G28 指令的中间点，再从中间点移动到 G29 指令的点定位，其动作与 G00 动作相同。

4. 第二参考点返回指令 G30

格式：

G90(G91)G30 X___Y___；或 G90(G91)G30 Z___X___；或 G90(G91)G30 Y___Z___；
G30 为第二参考点返回，该功能与 G28 指令相似。不同之处是刀具自动返回第二参考点，而第二参考点的位置是由参数来设定的，G30 指令必须在执行返回第一参考点后才有效。如 G30 指令后面直接跟 G29 指令，则刀具将经由 G30 指定的(坐标值为 x、y、z)的中间点移到 G29 指令的返回点定位，类似于 G28 后跟 G29 指令。通常 G30 指令用于自动换刀位置与参考点不同的场合，而且在使用 G30 前，同 G28 一样应先取消刀具补偿。

5.4　数控铣削编程常用 M 指令

注意：辅助功能由地址字 M 和其后的一或两位数字组成，主要用于控制零件程序的走向以及机床各种辅助功能的开关动作(表 5-3)。

表 5-3 常用 M 指令代码

代 码	功 能 说 明	代 码	功 能 说 明
M00	程序停(非模态)	M03	主轴正转(CW)(模态)
M01	选择停止(非模态)	M04	主轴反转(CCW)(模态)
M02	程序结束(复位)(非模态)	M05	主轴停(模态)
M30	程序结束(复位)并回到开头(非模态)	M06	换刀(非模态)
		M07	切削液1开(模态)
M98	子程序调用(非模态)	M08	切削液2开(模态)
M99	子程序结束(非模态)	M09	切削液关(模态)
		M19	主轴定向停止(模态)

M 功能有非模态 M 功能和模态 M 功能两种形式。

非模态 M 功能(当段有效代码):只在书写了该代码的程序段中有效。

模态 M 功能(续效代码):一组可相互注销的 M 功能,这些功能在被同一组的另一个功能注销前一直有效。

另外,M 功能还可分为前作用 M 功能和后作用 M 功能两类。

前作用 M 功能:在程序段编制的轴运动之前执行。

后作用 M 功能:在程序段编制的轴运动之后执行。

其中,M00、M02、M30、M98、M99 用于控制零件程序的走向,是 CNC 内定的辅助功能,不由机床制造商设计决定,也就是说与 PLC 程序无关。

5.4.1 CNC 内定的辅助功能

1. 程序暂停 M00

当 CNC 执行到 M00 指令时,将暂停执行当前程序,以方便操作者进行刀具和工件的尺寸测量、工件调头、手动变速等操作。

暂停时,机床的主轴、进给及冷却液停止,而全部现存的模态信息保持不变,欲继续执行后续程序,重按操作面板上的"循环启动"键。M00 为非模态后作用 M 功能。

2. 程序结束 M02

M02 编在主程序的最后一个程序段中。

当 CNC 执行到 M02 指令时,机床的主轴、进给、冷却液全部停止,加工结束。

使用 M02 的程序结束后,若要重新执行该程序,就得重新调用该程序,或在自动加工子菜单下,按 F4 键,然后再按操作面板上的"循环启动"键。

M02 为非模态后作用 M 功能。

3. 程序结束并返回到零件程序头 M30

M30 和 M02 功能基本相同,只是 M30 指令还兼有控制返回到零件程序头(%)的作用。

使用 M30 的程序结束后,若要重新执行该程序,只需再次按操作面板上的"循环启动"键。

4. 子程序调用 M98 及从子程序返回 M99

M98 用来调用子程序。

M99 表示子程序结束,执行 M99,使控制返回到主程序。

5.4.2　PLC 设定的辅助功能

1. 主轴控制指令 M03、M04、M05

M03：启动主轴以程序中编制的主轴速度顺时针方向（从 Z 轴正向朝 Z 轴负向看）旋转。

M04：启动主轴以程序中编制的主轴速度逆时针方向旋转。

M05：使主轴停止旋转。

M03、M04 为模态前作用 M 功能，M05 为模态后作用 M 功能。M05 为默认功能。

M03、M04、M05 可相互注销。

2. 换刀指令 M06

M06 用于在加工中心上调用一个欲安装在主轴上的刀具，刀具将被自动地安装在主轴上。

M06 为非模态后作用 M 功能。

3. 冷却液打开、停止指令 M07(M08)、M09

M07(M08)指令将打开冷却液管道。

M09 指令将关闭冷却液管道。

M07(M08)为模态前作用 M 功能；M09 为模态后作用 M 功能，M09 为默认功能。

5.5　主轴功能 S、进给功能 F 和刀具功能 T

1. 主轴功能 S

主轴功能 S 控制主轴转速，其后的数值表示主轴速度，单位为转/分钟(-/min)。

S 是模态指令，S 功能只有在主轴速度可调节时有效。

2. 进给速度 F

F 指令表示工件被加工时刀具相对于工件的合成进给速度。

F 的单位取决于 G94(每分钟进给量 mm/min)或 G95(每转进给量 mm/r)。

当工作在 G01、G02 或 G03 方式下，编程的 F 一直有效，直到被新的 F 值所取代，而工作在 G00、G60 方式下，快速定位的速度是各轴的最高速度，与所编 F 无关。

借助操作面板上的倍率按键，F 可在一定范围内进行倍率修调。当执行攻丝循环 G84、螺纹切削 G33 时，倍率开关失效，进给倍率固定在 100%。

3. 刀具功能(T 功能)——加工中心

T 代码用于选刀，其后的数值表示选择的刀具号。T 代码与刀具的关系是由机床制造厂规定的。

在加工中心上执行 T 指令，刀库转动选择所需的刀具，然后等待直到 M106 指令作用时自动完成换刀。即加工中心整个换刀过程包括选刀(T)与换刀(M06)两个动作。

T 指令同时调入刀补寄存器中的刀补值(刀补长度和刀补半径)，T 指令为非模态指令，但被调用的刀补值一直有效，直到再次换刀调入新的刀补值。

5.6　刀具半径补偿指令 G40、G41 和 G42

1. 使用刀具半径补偿的原因

数控加工中，系统程序控制的总是让刀具刀位点行走在程序轨迹上。铣刀的刀位点通常选定在刀具中心上，若编程时直接按图纸上的零件轮廓线进行，又不考虑刀具半径补偿，则将是刀具中心（刀位点）行走轨迹和图纸上的零件轮廓轨迹重合，这样由刀具圆周刃口所切削出来的实际轮廓尺寸，就必然大于或小于图纸上的零件轮廓尺寸一个刀具半径值，因而造成过切或少切现象。

为了确保铣削加工出的轮廓符合要求，就必须在图纸要求轮廓的基础上，整个周边向外或向内预先偏离一个刀具半径值，作出一个刀具刀位点的行走轨迹，求出新的节点坐标，然后按这个新的轨迹进行编程（图 5-15（a）），这就是人工预刀补编程。这种人工预先按所用刀具半径大小求算实际刀具刀位点轨迹的编程方法虽然能够得到要求的轮廓，但很难直接按图纸提供的尺寸进行编程，计算繁杂，计算量大，并且必须预先确定刀具直径大小；当更换刀具或刀具磨损后又需重新编程，使用起来极不方便。

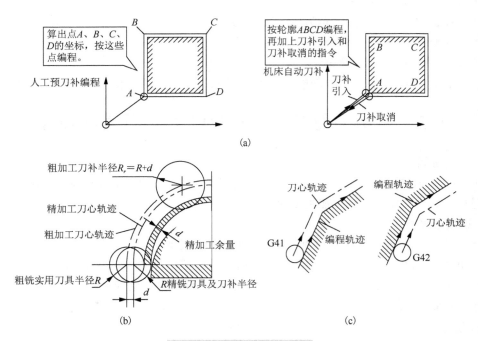

图 5-15　刀具半径补偿原理

2. 刀具半径补偿的原理

现在很多数控机床的控制系统自身都提供自动进行刀具半径补偿的功能，只需要直接按零件图纸上的轮廓轨迹进行编程，在整个程序中只在少量的地方加上几个刀补开始及刀补解除的代码指令。这样无论刀具半径大小如何变换，无论刀位点定在何处，加工时都只需要使用同一个程序或稍作修改，只需按照实际刀具使用情况将当前刀具半径值输入到刀具数据库中即可。在加工运行时，控制系统将根据程序中的刀补指令自动进行相应的刀具偏置，确保刀具刃口切削出符合要求的轮廓。利用这种机床自动刀补的方法，可大大简化计算及编程工作，并且可以利用同一个程序、同一把刀具，通过设置不同大小的刀具补偿半径值而逐步减少切削余量的方法来达到粗、精加工的目的，如图 5-15（b）所示。

3. 刀具半径补偿的实现(使用刀具半径补偿指令 G40、G41、G42)

1)格式

$$\begin{Bmatrix} G17 \\ G18 \\ G19 \end{Bmatrix} \begin{Bmatrix} G40 \\ G41 \\ G42 \end{Bmatrix} \begin{Bmatrix} G00 \\ G01 \end{Bmatrix} \quad X\_\_ Y\_\_ Z\_\_ D\_\_ ;$$

2)说明

(1)G40 为取消刀具半径补偿。

(2)G41 为左刀补(在刀具前进方向左侧补偿),如图 5-15(c)所示。

(3)G42 为右刀补(在刀具前进方向右侧补偿),如图 5-15(c)所示。

(4)G17 为刀具半径补偿平面为 XY 平面。

(5)G18 为刀具半径补偿平面为 ZX 平面。

(6)G19 为刀具半径补偿平面为 YZ 平面。

(7)X、Y、Z 为 G00/G01 的参数,即刀补建立或取消的终点坐标。注意,投影到补偿平面上的刀具轨迹受到补偿。

(8)D 为 G41/G42 的参数,即刀补号码(D00~D99),它代表了刀补表中对应的半径补偿值。

(9)G40、G41、G42 都是模态代码,可相互注销。

注意:

(1)刀具半径补偿平面的切换必须在补偿取消方式下进行。

(2)刀具半径补偿的建立与取消只能用 G00 或 G01 指令,不得是 G02 或 G03。

4. 左、右刀具补偿的判断

顺着刀具前进的方向看,如果刀具在铣削轮廓的左侧就是左补偿,如果刀具在铣削轮廓的右侧就是右补偿,如图 5-15(c)所示。

【例 5-5】 考虑刀具半径补偿编制图 5-16 所示零件的加工程序,要求建立如图 5-16 所示的工件坐标系,按箭头所指示的路径进行加工,设加工开始时刀具距离工件上表面 50mm,切削深度为 10mm。

```
O1008;
G54 G17 G90;
G00 Z50;
G00 X-10 Y-10;
G42 G00 X4 Y10 D01;
M03 S900;
Z2;
G01 Z-10 F100;
X30;
G03 X40 Y20 I0 J10;
G02 X30 Y30 I0 J10;
G01 X10 Y20;
Y5;
G00 Z50;
```

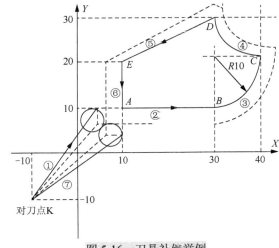

图 5-16　刀具补偿举例

带箭头的实线为编程轮廓,不带箭头的虚线为刀具中心的实际路线

```
G40 X-10 Y-10;
M30;
```

5.7 简化编程指令

5.7.1 旋转变换指令 G68、G69

1)格式

```
G17 G68 X___Y___P___(G18 G68 X___Z___P___\ G19 G68 Y___Z___P___);
M98 P___;
G69;
```

2)说明

(1)G68 为建立旋转。

(2)G69 为取消旋转。

(3)X、Y、Z 为旋转中心的坐标值。

(4)P 为旋转角度，单位是(度，顺时针为负逆时针为正)，0°≤P≤360°在有刀具补偿的情况下，先旋转后刀补(刀具半径补偿、长度补偿)，在有缩放功能的情况下，先缩放后旋转。

(5)G68、G69 为模态指令，可相互注销，G69 为默认值。

【例 5-6】 使用旋转功能编制图 5-17 所示轮廓的加工程序，设刀具起点距工件上表面 50mm，切削深度 5mm。

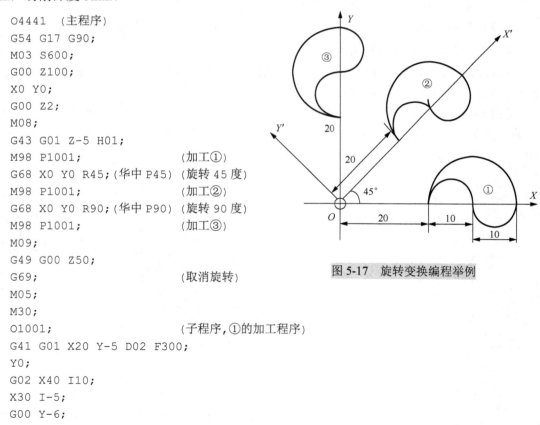

```
O4441    (主程序)
G54 G17 G90;
M03 S600;
G00 Z100;
X0 Y0;
G00 Z2;
M08;
G43 G01 Z-5 H01;
M98 P1001;                (加工①)
G68 X0 Y0 R45;(华中 P45)  (旋转 45 度)
M98 P1001;                (加工②)
G68 X0 Y0 R90;(华中 P90)  (旋转 90 度)
M98 P1001;                (加工③)
M09;
G49 G00 Z50;
G69;                      (取消旋转)
M05;
M30;
O1001;                    (子程序,①的加工程序)
G41 G01 X20 Y-5 D02 F300;
Y0;
G02 X40 I10;
X30 I-5;
G00 Y-6;
```

图 5-17 旋转变换编程举例

```
G40 X0 Y0;
M99;
```

5.7.2　镜像指令 G51.1/G50.1(华中系统：G24/G25)

当工件(或某部分)具有相对于某一轴对称的形状时，可以利用镜像功能和子程序的方法简化编程。

镜像指令能将数控加工刀具轨迹沿某坐标轴作镜像变换而形成对称零件的刀具轨迹。

对称轴可以是 X 轴、Y 轴或 XY 轴。

1)格式

```
G51.1  X___Y___Z___;      建立镜像
       (M98  P___);        被镜像的程序段或子程序
G50.1  X___Y___Z___;      取消镜像
```

2)说明

建立镜像由指令坐标轴后的坐标值指定镜像位置(对称轴、线、点)。

G51.1、G50.1 为模态指令，可相互注销，G50.1 为默认值。

有刀补时，先镜像，然后进行刀具长度补偿、半径补偿。

例如，当采用绝对编程方式时 G51.1 X-9.0 表示图形将以 X=-9.0 的直线(//Y 轴的线)作为对称轴。G51.1 X6.0 Y4.0 表示先以 X=6.0 对称，然后再以 Y=4.0 对称，两者综合结果即相当于以点(6.0，4.0)为对称中心的原点对称图形。

G50.1 X0 表示取消前面的由 G51.1 X___产生的关于 Y 轴方向的对称。

【例 5-7】　使用镜像功能编制如图 5-18 所示加工程序。

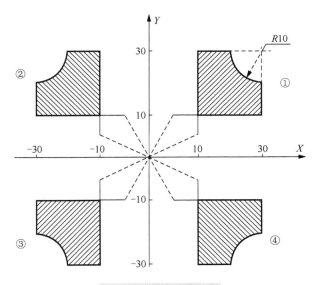

图 5-18　镜像编程举例

主程序：

```
O0008;
G90 G54 G17 G00 Z100.0;
```

```
M03 S1000;
M98 P100;        加工图 1
G51.1 X0;          坐标变换
M98 P100;        加工图 2
G51.1 Y0;
M98 P100;        加工图 3
G50.1 X0;
M98 P100;        加工图 4
G50.1 Y0;
G00 Z25.0;
M05;
M30;
```

子程序：

```
O100;
G41 X10.0 Y4.0 D01;
Y5.0;
G01 Z-28.0 F200;
Y30.0;
X20.0;
G03 X30.0 Y20.0 R10.0;
G01 Y10.0;
X5.0;
G00 Z5.0;
G40 X0 Y0;
M99;
```

5.7.3　坐标变换——极坐标编程指令 G15、G16

当工件的轮廓尺寸是以半径和角度来标注时，要用数学方法来计算其坐标点的值，这时可使用另一种坐标点指定方式，即极坐标系，通过指定 G16 极坐标编程指令，可直接以半径和角度的方式指定编程。

1. 极坐标编程指令及格式

G16;（极坐标系生效指令）

路径程序：

G15;（极坐标系取消指令）

注意：G16 指令生效后 ，路径程序中的 X 值是指编程点的极半径，Y 值是指极角。

2. 极点坐标系的原点和平面

（1）选择合适的平面对正确使用极坐标编程方式坐标指定非常关键，极坐标方式编程时必须指定所在平面，甚至默认的 G17 平面也要指定。

（2）极坐标原点。与直角坐标系中一样，极坐标原点也有绝对和增量两种指定方式，G90 绝对值编程方式是以工件坐标系的原点为极点，所有目标点位置的极半径是指目标点到编程原点的距离，角度值是指目标点与编程原点的连线与+X 轴的夹角。

【例 5-8】 如图 5-19 所示，用极坐标编程加工六边形外轮廓（下刀深度 5mm）。

编程举例：

```
O1234;
G54 G17 G90;
M03 S800;
G00 Z50;
X40 Y15;
G00 Z1;
G1 Z-5 F50;
G41 X30 D1 F120;
G16;
G1 X30 Y0;
G91 Y-60;
Y-60;
Y-60;
Y-60;
Y-60;
Y-60;
G15;
G40 G90 G1 X50 Y-10;
G00 Z100;
X0 Y0;
M30;
```

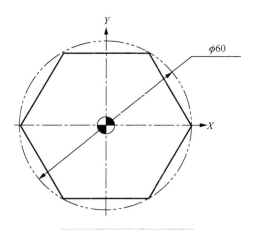

图 5-19　极坐标编程举例

5.7.4　孔加工固定循环指令

数控加工中，某些加工动作循环已经典型化。例如，钻孔、镗孔的动作是孔位平面定位、快速引进、工作进给、快速退回等这样一系列典型的加工动作组成的，这些动作已经预先编好程序，存储在内存中，可用称为固定循环的一个 G 代码程序段调用，从而简化编程工作。

孔加工固定循环指令有 G73、G74、G76、G81～G89，通常由下述 6 个动作构成，如图 5-20 所示。

(1) X、Y 轴定位。

(2) 定位到 R 点（定位方式取决于上次是 G00 还是 G01）。

(3) 孔加工。

(4) 在孔底的动作。

(5) 退回到 R 点（参考点）。

(6) 快速返回到初始点。

固定循环的数据表达形式可以用绝对坐标（G90）和相对坐标（G91）表示，图 5-21(a) 是采用 G90 的表示，图 5-21(b) 是采用 G91 的表示。

固定循环的程序格式包括数据形式、返回点平面、孔加工方式、孔位置数据、孔加工数据和循环次数。数据形式（G90 或 G91）在程序开始时就已指定，因此，在固定循环程序格式中可不注出。

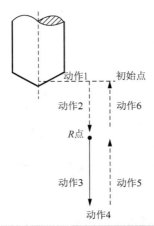

图 5-20　孔加工固定循环动作

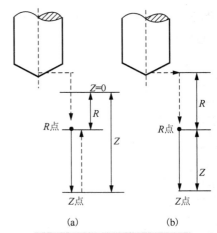

图 5-21　绝对坐标与相对坐标

1)格式

$$\left.\begin{array}{l}G98\\G99\end{array}\right\}G\_\_X\_\_Y\_\_Z\_\_R\_\_Q\_\_P\_\_F\_\_K\_\_;$$

2)说明

(1)G98 为返回初始平面,为默认方式。

(2)G99 为返回 R 点平面。

(3)G＿＿为固定循环代码 G73、G74、G76 和 G81～G89 之一。

(4)X、Y 为孔位坐标(G90)或加工起点到孔位的距离(G91)。

(5)R 为 R 点的坐标(G90)或初始点到 R 点的距离(G91)。

(6)Q 为每次的进给深度(G73/G83)或刀具在轴反向的位移量(G76/G87)。

(7)P 为刀具在孔底的暂停时间。

(8)F 为切削进给速度。

(9)K 为固定切削循环的次数。

固定循环代码 G73、G74、G76 和 G81～G89、X、Y、Z、R、P、F、Q、K 都是模态指令。G80、G01、G02、G03 等代码可以取消固定循环。

1. G81 钻孔循环(中心钻)

1)格式

$$\left.\begin{array}{l}G98\\G99\end{array}\right\}G81X\_\_Y\_\_Z\_\_R\_\_F\_\_K\_\_;$$

2)说明

(1)X＿＿Y＿＿为孔的位置,可以放在 G81 指令后面,也可以放在 G81 指令的前面。

(2)Z＿＿为孔底位置。

(3)F＿＿为进给速度(mm/min)。

(4)R＿＿为参考平面位置高度。

(5)K＿＿为重复次数,仅在需要重复时才指定,K 的数据不能保存,没有指定 K 时,可认为 K=1。

G81 在到达孔底位置后,主轴以 G00 的速度退出。

G81 指令的动作循环如图 5-22 所示。

注意：如果 Z 点的移动量为零，该指令不执行。

【**例 5-9**】　使用 G81 指令编制钻孔加工程序：设刀具起点距工件上表面 42mm，距孔底 50mm，孔心位置在 X50 Y50 处，在距工件上表面 2mm 处（R 点）由快进转换为工进（其动作见图 5-22，坐标系原点设在工件上表面）。

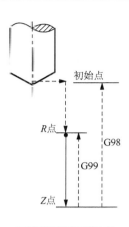

图 5-22　G81 动作

钻孔程序：

```
O1234;
G54 G17 G90;
M03 S600;
G00 Z42;
X0 Y0;
G98 G81 X50 Y50 Z-8 R2 F100;
G80;
M30;
```

2. 镗孔、铰孔循环指令 G85

1）格式

$$\left.\begin{matrix} G98 \\ G99 \end{matrix}\right\} G85X\_\_Y\_\_Z\_\_R\_\_F\_\_K\_\_ ;$$

2）说明

(1) X___Y___为孔的位置，可以放在 G85 指令后面，也可以放在 G85 指令的前面。

(2) Z___为镗孔、铰孔的 Z 向终点坐标。

(3) F___为进给速度（mm/min）。

(4) R___为参考平面位置高度。

(5) K___为循环次数。

该指令同样有 G98 和 G99 两种方式，与 G81 的区别是：G85 在到达孔底位置后，主轴以 F 的速度退出。用于粗糙度水平与精度较高的孔（无刀痕）。

3. 右旋攻螺纹循环指令 G84

1）格式

$$\left.\begin{matrix} G98 \\ G99 \end{matrix}\right\} G84X\_\_Y\_\_Z\_\_R\_\_F\_\_K\_\_ ;$$

2）说明

(1) X___Y___为孔的位置，可以放在 G84 指令后面，也可以放在 G84 指令的前面。

(2) Z___为攻丝 Z 向终点坐标。

(3) F___为攻丝进给速度（G94 时单位为 mm/min，攻丝时，速度倍率修调及进给保持等均不起作用）。

(4) R___为参考平面位置高度，应选距工件表面 7～8mm 的地方。

(5) K___为循环次数。

用于普通螺纹的攻丝，主轴正转，孔底暂停后主轴反转，然后以 F 的速度退回。

3) 注意

(1)攻螺纹过程要求主轴转速与进给速度成严格的比例关系，否则就会乱扣，因此要求编程序时根据主轴转速计算进给速度：

$$F \quad = \quad S \quad \times \quad P$$

（进给速度）（主轴转速）（螺距）

mm/min　　　　r/min　　　　mm

(2)攻螺纹时，螺纹的底孔直径应稍大于螺纹小径，以防止攻螺纹时因挤压扭转作用而损坏丝锥。底孔直径通常根据经验公式来确定。

加工塑性金属时：　　　　　　　　$D_底 = D - P$

加工脆性金属时：　　　　　　　　$D_底 = D - 1.05P$

式中，$D_底$ 为攻螺纹时钻螺纹的底孔直径(不等同于钻头直径)，单位为 mm；D 为螺纹公称直径，单位为 mm；P 为螺纹螺距，单位为 mm；

(3)攻盲孔螺纹时，由于丝锥的头部有锥度，其牙型不完整，所以也攻不出完整的螺纹，所以钻孔深度要大于螺纹的有效深度。

$$H = h + 0.7D$$

式中，H 为钻的底孔深度；h 为螺纹的有效(标称长度)深度；D 为螺纹的公称直径。

(4)在数控机床上攻螺纹时，应选择合适的螺纹导入长度和导出长度，一般导入长度取 2～3 倍的螺距；导出长度取 1～2 倍的螺距，对于大螺距和高精度的螺纹要取大值，加工通孔螺纹时，其导出量还要考虑丝锥端部锥角的影响。

5.8　宏　程　序

宏程序是以变量组合，通过各种算术和逻辑运算、转移和循环等命令，编制的一种可以灵活运用的程序，只要改变变量的值，即可以完成不同的加工和操作。宏程序可以简化程序的编制，提高工作效率。宏程序可以像子程序一样用一个简单的指令调用。

宏程序包括 A 类宏程序和 B 类宏程序两种。

5.8.1　A 类宏程序

1. 变量

为了使加工程序更加具有通用性、灵活性，在宏程序中设置了变量。

(1)变量表示方法。一个变量由"#"和变量序号组成。

(2)变量类型。变量分为局部变量、全局变量、系统变量和空变量 4 种类型。

(3)变量引用。将地址符后的数值用变量来代替的方法称为变量引用。

2. 运算指令

宏程序的运算指令通过 G65 的不同表达形式实现，其指令格式如下：

　G65 H×× P#×× Q#×× R#××;

其中，H×× 是基本指令，以实现算术或逻辑运算；P#×× 是存放运算结果的变量。Q#×× 是需要运算的变量 1，也可以是常数，如果是常数，"#××"要变为"××"；R#×× 是需要运算的变量 2，也可以是常数，如果是常数，"#××"要变为"××"。

编程实例：

（1）G65 H02 P#100 Q#101 R#102；表示#100=#101＋#102

（2）G65 H27 P#100 Q#101 R#102；表示 $\#100=\sqrt{(\#101)^2+(\#102)^2}$

（3）G65 H31 P#100 Q50 R#102；表示#100=50×SIN（#102）

3．说明

（1）变量值是微米级数值，是以数控系统的最小输入单位为其单位的值，其值后不带小数点。如设#101=50，则 X#101 代表的值是 0.05mm。

（2）变量值取整数，如果计算结果出现小数，小数点后的数值将被舍去。

（3）在使用宏程序运算指令时，如果变量以角度形式指定，则其单位是 0.001。

（4）在各运算中如果必要的 Q、R 没有指定，系统自动将其值指定为"0"参与计算。

4．转移指令

宏程序的转移指令和运算指令相似，是通过指令 G65 的不同表达形式来实现的。

5.8.2　B 类宏程序

1．变量

B 类宏程序的变量表示方法和变量引用与 A 类宏程序的变量基本相似，但也存在差别。

1）变量表示方法

B 类宏程序除可采用 A 类宏程序的变量表示方法外，还可以用表达式进行表示，但其表达式必须全部写在"[ ]"中。

2）变量引用

B 类宏程序除可采用 A 类宏程序的变量引用方法外，还可以用表达式进行表示。

3）变量赋值

（1）直接赋值。变量赋值可以在操作面板上用 MDI 方式直接赋值，也可在程序中用"="直接赋值，但"="左边不能用表达式。

直接赋值规则如下。

赋值号两边内容不能随意互换，左边只能是变量，右边只能是表达式。

一个赋值语句只能给一个变量赋值。

可以多次向同一个变量赋值，新变量值取代原变量值。

赋值语句具有运算功能，它的一般形式为：变量＝表达式。

在赋值运算中，表达式可以是变量自身与其他数据的运算结果。

赋值表达式的运算顺序与数学运算顺序相同。

不能用变量代表的地址符有：O、N、;、/。

（2）宏程序中自变量赋值。

宏程序调用格式如下。

模态调用（G66）：G66 Pp Ll；＜自变量指定＞

　　　　　　　　　程序点

　　　　　　　　　G67；（取消模态）

例如：

```
 G66  P8000  L2  A10. B2.;
```

```
G00 G90 Z-10.;
X-5.;
G67;
```

一旦发出 G66 指令则指定模态调用，即指定沿移动轴移动的程序段后调用宏程序。移动到 Z-10，调用两次程序号 8000 后，移动到 X-5，再调用两次程序号 8000。

非模态调用：G65 P(宏程序号) L(重复次数) <自变量指定>。其中<自变量指定>就是给自变量赋值。自变量指定有以下三种形式。

① 自变量指定 Ⅰ。

自变量指定 Ⅰ 使用除 G、L、O、N 和 P 以外的字母，每个字母指定一次，见表 5-4。

表 5-4　自变量指定 Ⅰ

地　址	变 量 号	地　址	变 量 号	地　址	变 量 号
A	#1	I	#4	T	#20
B	#2	J	#5	U	#21
C	#3	K	#6	V	#22
D	#7	M	#13	W	#23
E	#8	Q	#17	X	#24
F	#9	R	#18	Y	#25
H	#11	S	#19	Z	#26

注：(1)任何自变量前必须指定 G65；
　　(2)不需要指定的地址可以省略，对应的省略地址的局部变量设为空；
　　(3)地址除 I、J、K 以外不需要按字母顺序指定，如 G65 B__A__D__J__K__ 是正确的，但 G65 B__A__D__K__J__ 是不正确的。

② 自变量指定 Ⅱ。

自变量指定 Ⅱ 使用 A、B、C 各一次，I、J、K 各 10 次，这种形式一般用于传递诸如三维坐标值的变量，见表 5-5。

表 5-5　自变量指定 Ⅱ

地　址	变 量 号	地　址	变 量 号	地　址	变 量 号
A	#1	I4	#13	I8	#25
B	#2	J4	#14	J8	#26
C	#3	K4	#15	K8	#27
I1	#4	I5	#16	I9	#28
J1	#5	J5	#17	J9	#29
K1	#6	K5	#18	K9	#30
I2	#7	I6	#19	I10	#31
J2	#8	J6	#20	J10	#32
K2	#9	K6	#21	K10	#33
I3	#10	I7	#22		
J3	#11	J7	#23		
K3	#12	K7	#24		

注：(1)任何自变量前必须指定 G65；
　　(2)I、J、K 的下标用于确定自变量指定顺序，在编程中不写出。

例如，G65 A1.0 I2.3 I4.5 P1000；表示#1=1.0、#4=2.3、#7=4.5。

③ 自变量指定Ⅰ、Ⅱ混用。

CNC 内部能自动识别自变量指定Ⅰ和自变量指定Ⅱ，如果两者混用指定，后指定的自变量类型有效。

2. 算术与逻辑运算

B 类宏程序算术与逻辑运算见表 5-6。与 A 类宏程序的运算指令有很大区别，它的运算与数学运算非常相似。

表 5-6　B 类宏程序算术与逻辑运算

功　能	格　式	备　注
定义	#I=#J	
加法	#I=#J+#k	
减法	#I=#J−#k	
乘法	#I=#J*#k	
除法	#I=#J/#k	
正弦	#I=SIN[#J]	
反正弦	#I=ASIN[#J]	
余弦	#I=COS[#J]	
反余弦	#I=ACOS[#J]	角度以度指定，如 93°30′表示为 93.5°
正切	#I=TAN[#J]	
反正切	#I=ATAN[#J]/[#K]	
平方根	#I=SQRT[#J]	
绝对值	#I=ABS[#J]	
舍入	#I=ROUND[#J]	
上取整	#I=FIX[#J]	
下取整	#I=FUP[#J]	
自然对数	#I=LN[#J]	
指数函数	#I=EXP[#J]	
或	#I=#J OR #k	
异或	#I=#J XOR #k	逻辑运算一位一位地按二进制数执行
与	#I=#J AND #k	
从 BCD 转为 BIN	#I=BIN[#J]	用于与 PMC 的信号交换
从 BIN 转为 BCD	#I=BCD[#J]	

运算与逻辑运算的规则如下。

(1) 运算次序依次是函数运算(SIN、ASIN、COS 等)、乘和除运算(*、/、AND 等)、加和减运算(+、−、OR 等)。

(2) 括号用于改变运算次序，包括函数内部的括号，括号可以使用 5 级。例如

```
#1=SIN[ [ [ #2 + #3 ] * #4 + #5 ] * #6 ]
```

3. 转移和循环

在宏程序中，使用 GOTO 语句和 IF 语句改变控制的流向，有三种转移和 WHILE 循环操作可供使用。

1) 无条件转移

格式：GOTO n；(n 为程序段号(1~9999))

例如，GOTO 100；当执行到该语句时，将无条件转移到 N100 程序段执行。

2) 条件转移

条件转移一般采用 IF 语句，IF 语句有两种格式。

(1) 格式一：IF〔〈条件表达式〉〕GOTO n;

例如:

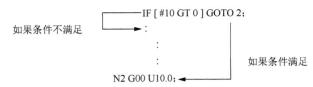

如果条件不满足
IF [#10 GT 0] GOTO 2;
:
:
:
如果条件满足
N2 G00 U10.0;

这种格式表示如果表达式指定的条件满足，转移到标有顺序号 *n* 的程序段。如果指定的条件不满足，则执行下个程序段。

(2) 格式二：IF[〈条件表达式〉〕 THEN…;

这种格式表示如果表达式指定的条件满足时，执行"THEN"后面的语句。例如

$$IF [\#10 EQ \#2] THEN \#3=10$$

表示当变量 10 和变量 2 相等时，变量 3 的值为 10。

3) 循环

格式：WHILE[〈条件表达式〉] DOM; (*m*=1、2、3)

例如:

WHILE[〈条件表达式〉] DOM; (华中：D0)
:
:
如果条件满足
如果条件不满足
END m; (华中：ENDW)

当指定的条件满足时，执行 WHILE 从 DO 到 END 之间的程序；否则转而执行 END 之后的程序段。*m* 是指定程序执行范围的标号。

在条件转移和循环宏程序中，经常要使用条件表达式，条件表达式必须包含运算符。运算符在两个变量中间或变量和常量中间，并且用"[ ]"封闭。表达式可以替代变量。条件表达式中的运算符见表 5-7。

表 5-7　条件表达式中的运算符

序　号	运　算　符	含　义
1	EQ	等于(=)
2	NE	不等于(≠)
3	GT	大于(>)
4	GE	大于等于(≥)
5	LT	小于(<)
6	LE	小于等于(≤)

4. 循环嵌套

在编制较复杂的宏程序时，往往采用循环嵌套，但一定要注意嵌套规则和要求。

(1) 标号(1、2、3)可以根据要求多次使用。

```
WHILE〔…〕 DO 1;
 :
```

```
END1;
  ⋮
WHILE 〔…〕 DO 1;
  ⋮
END1;
  ⋮
```

(2) DO 的范围不能交叉。

```
WHILE 〔…〕 DO 1;
    ⋮
WHILE 〔…〕 DO 2;
    ⋮
END1;
    ⋮
END2;
    ⋮
```

(3) DO 循环可以嵌套 3 次。

```
WHILE 〔…〕 DO 1;
      ⋮
   WHILE 〔…〕 DO 2;
        ⋮
     WHILE 〔…〕 DO 3;
        ⋮
     END3;
        ⋮
   END2;
      ⋮
END1;
    ⋮
```

(4) 控制可以转到循环外。

```
WHILE 〔…〕 DO 1;
  ⋮
IF 〔…〕 GOTO n;
    ⋮
END1;
    ⋮
Nn … ;
    ⋮
```

(5) 转移不能进入循环区内。

```
IF 〔…〕 GOTO n;
      ⋮
WHILE 〔…〕 DO 1;
    ⋮
   Nn …;
```

$$\vdots$$

　　END1;

【例 5-10】　在半径为 R 的圆盘上钻、镗均匀分布的 n 个孔，如图 5-23 所示。编写加工宏程序。

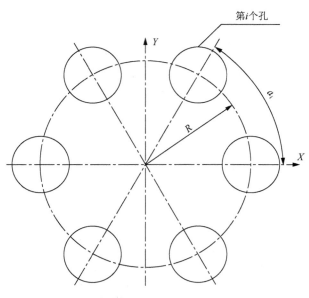

图 5-23　圆周钻孔举例

（1）数学建模。

n 个孔均匀分布在圆盘上，则第 i 个孔还原点的中心线与编程坐标系 X 轴夹角为

$$\alpha_i = 360/n \times (i-1), \quad 1 \leqslant i \leqslant n$$

第 i 个孔的孔中心在编程坐标系中 X、Y 值分别为

$$x_i = R\cos\alpha_i$$

$$y_i = R\sin\alpha_i$$

（2）变量设置。

设置表 5-8 所示的变量。

表 5-8　变量设置

变 量 名 称	变 量 意 义
#1	孔所在圆盘半径 R
#2	均匀分布孔总个数 n
#3	第 i 个孔
#4	第 i 个孔的孔中中心线与编程坐标 X 轴夹角 α_i
#10	第 i 个孔的孔中心 X 坐标值 x_i
#11	第 i 个孔的孔中心 Y 坐标值 y_i
#6	孔深度
#7	圆盘平面高度

（3）宏程序。

```
O8000;
G54 G17 G90;
M03 S800;
G00 Z100;
X0 Y0;
#1=50;
#2=6;
#3=1;
#5=3.14159/180;
#6=-20;
#7=5;
WHILE[#3LE#2] DO1;
#4=360/#2*[#3-1]*#5;
#10=#1*COS [#4];
#11=#1*SIN [#4];
G90 G98 G81 X[#10] Y[#10] Z[#6] R[#7] F30;
F500;
#3=#3+1;
END1;
G80;
G91 G28 Z0;
M05;
M30;
```

上面的例子只是为了说明宏程序的使用方法，从加工的角度来说，使用极坐标编程会更简单。

【例 5-11】　如图 5-24 所示，在一块 100mm×100mm 的板料上有一深为 3mm、宽为 10mm 的正弦曲线槽，用直径为 10mm 的键槽刀加工，编写加工宏程序。

```
O8001;
G54 G17 G90;
M3 S800;
G00 Z10;
X-31.4 Y0;
Z1;
G1 Z-3 F50;
#1=0;
WHILE[#1LE3600] DO1;
#2=#1/360*6.28;
#3=#2-31.4;
#4=30*SIN[#1/10];
G1 X#3 Y#4;
#1=#1+1;
END1;
G00 Z100;
M30;
```

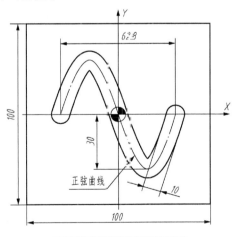

图 5-24　在板料上加工槽

【例 5-12】　　加工图 5-25 所示的椭圆，编写加工宏程序。

(1)椭圆的基础知识介绍。

椭圆的解析方程：$$\frac{X^2}{a^2}+\frac{Y^2}{b^2}=1$$

式中，a 为长半轴上的投影；b 为短半轴。

椭圆的参数方程：

$$x=a\cos t，y=b\sin t（t 为极角）$$

(2)宏程序。

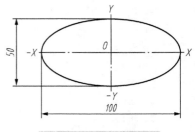

图 5-25　椭圆编程举例

```
O0001
N10 G54 G17 G90 S1200 M03;          确定坐标系
N20 G01 G41 X50 D01 F100;           图 5-25 中 OX 距离
N30 #1=0;                           将角度设为自变量,赋初值为 0
N40 X[50*COS[#1]] Y[25*SIN[#1]] F200;   X、Y 轴联动的步距
N50 #1=#1+1;                        自变量每次自动加 1°
N60 IF[#1LT360] GOTO 40 ;           如果变量自加后不足 360°,则转到第 40 段执行,否则执
                                    行下一段;(40 前不用加行号 N)
N70 G00 G40 X0;                     撤销刀补,回到起点
N80 G00 Z100;                       提刀
N90 M30;                            程序结束
```

第6章　数控加工操作基础知识

6.1　工件加工的基本过程

(1)机床开机并回零——先回+Z、再回+X 与+Y。

(2)分析零件图纸——分析零件的形状、大小(尺寸)、精度、技术要求等。

(3)工艺处理——确定加工顺序与工艺、刀具规格、所用量具与夹具、编程方式与方法等。

(4)数学处理——计算编程中所要用到的所有节点坐标及工件坐标系的原点坐标。

(5)编写程序——根据加工顺序编写加工程序。

(6)装夹工件毛坯——(先铣方)然后根据加工顺序,夹好毛坯。

(7)根据程序进行准确对刀——进行试切对刀,设计 G54 或 G55、G56、G57、G58、G59 坐标系。

(8)程序输入(参数的输入)——用机床面板(或复制及传输的方式)将程序输入,用刀具半径补偿时将补偿值输入。

(9)程序检查与校验——根据编程规则与零件轮廓进行人工程序检查,然后进行校验。

(10)运行程序——多次测量与多次参数的修改与程序的运行,直到零件合格。

6.2　程序的输入方法

用手工编程时,直接用机床面板或外接键盘输入;自动编程时,可以用软盘或者机床的网络接口、串口、USB 接口及 CF 卡直接将程序传入或拷入机床。随着接口技术的发展,软盘已经很少使用。异地传递程序以前常用 CF 卡,但随着 U 盘接口技术的快速发展,现在 U 盘的使用越来越广泛。异地程序的传输可以采用网络接口,但网络功能并不只用于传递加工程序,还可以实现远程监控、诊断,也可用于生产管理。近距离程序的传输常用 RS232 串口,RS232 串口不但可以实现程序的近距离传输,还可以方便地进行在线加工,提高加工效率,RS232 串口如图 6-1 所示。

图 6-1　程序传输接口

6.3　机　床　回　零

6.3.1　机床回零的工作原理

回参考点的方式因数控系统类型和机床生产厂家而异。目前,数控机床的回零方式根据采用的检测装置和检测方法可分为两种:一种是使用磁感应开关的磁开关法;另一种是使用脉冲编码器或光栅尺的栅格法。

1. 磁开关法回零

在机械本体上安装磁铁及磁感应原点开关,当磁感应原点开关检测到原点信号后,伺服电机立即停止,将该停止点看作原点,其特点是软件及硬件简单,但原点位置随着伺服电机速度的变化而成比例地漂移,即原点不确定。磁开关法由于存在定位漂移现象,较少使用。

2. 栅格法回零

根据检测元件的计量方式的不同又可分为绝对栅格法回零和增量栅格法回零。采用绝对栅格法回零的数控机床,在有后备存储器电池支持下,只需要在机床第一次开机调试时进行回零操作调整,以后每次开机均记录有零点位置信息,因而不必再进行回零操作;而增量栅格法回零,则每次开机均必须进行回零操作。在栅格法中,检测器随着电机一转信号同时产生一个栅点或一个零位脉冲,在机械本体上安装一个减速撞块及一个减速开关后,数控系统检测到的第一个栅点或零位信号即为原点。栅格法回零的特点是,如果接近原点速度小于某一固定值,则伺服电机总是停止于同一点,也就是说,在进行回原点操作后,机床原点的保持性好。目前,几乎所有的数控机床都采用栅格法回零,而且多采用增量栅格法回零,采用增量栅格法回零的数控机床一般有以下四种回参考点方式。

(1)手动方式下坐标轴以较快速度 v_1 向零点靠近,接近零点后启动回零操作,数控系统控制坐标轴以低速 v_2 慢速向零点方向移动。当轴部压块压下零点开关后,系统开始寻找脉冲编码器或光栅尺上的零标志。当到达零标志时,便发出与零标志相对应的栅格脉冲控制信号,坐标轴在此信号作用下制动到为零,然后再前移参考点偏移量而停止,所处位置即为参考点。

(2)坐标轴先以较快速度 v_1 快速向零点靠近,当轴部压块压下零点开关后,在减速信号的控制下,减速到速度 v_2 并继续向前移动,当越过零点开关后,系统开始寻找零标志。当轴到达测量系统零标志发出栅格信号时,轴即制动到速度为零,然后再以 v_2 速度前移参考点偏移量而停止到参考点。

(3)坐标轴先以较快速度 v_1 快速向零点靠近,当轴部压块压下零点开关后,由数控系统控制坐标轴制动到速度为零,然后反向以速度 v_2 慢速移动,当到达测量系统零标志产生栅格信号时,轴即制动到速度为零,再前移参考点偏移量而停止到参考点,回零结束。

(4)坐标轴先以较快速度 v_1 快速向零点靠近,当坐标轴压下零点开关后,被制动到速度为零,再反向微动直至脱离零点开关,然后又沿原方向以速度 v_2 向零点慢速移动。当到达测量系统零标志产生栅格信号时,轴即制动到速度为零,再前移参考点偏移量而停止到参考点,回零结束。

6.3.2 机床回零的操作

机床开机并复位后,必须回零来建立机床参考坐标系;回零时必须保证回零指示灯亮,同时为了安全,一般先回 Z 轴,再回 X、Y 轴。操作过程会因为不同的机床生产厂家而有所不同,以 FANUC Series Oi Mate—MC 系统宝鸡铣床为例说明回零的操作。

首先要旋转至"回零"模式,然后按下"+Z"键,Z 轴开始回零,直至"+Z"键灯亮为止。然后用同样的方式依次操作 X、Y 轴回零。在保证安全的情况下,也可依次按下"+Z""+X""+Y",让三轴同时回零。

注意:回零点以前,尽量让各轴离机床原点远一些,进给不要太快,如果离原点太近而进给太快,可能会出现超程报警。

6.4 刀具的对刀

6.4.1 FANUC 系统机床对刀操作

一般在 MDI 方式下，用试切方式进行分中对刀

1. X 向对刀

(1)用刀具或寻边器触碰工件的左边，如图 6-2 所示。

(2)按下"POS"键(图 6-3)，出现图 6-4 所示的界面。

图 6-2 触碰工件左边　　　　　　　　　　　图 6-3 "POS"键

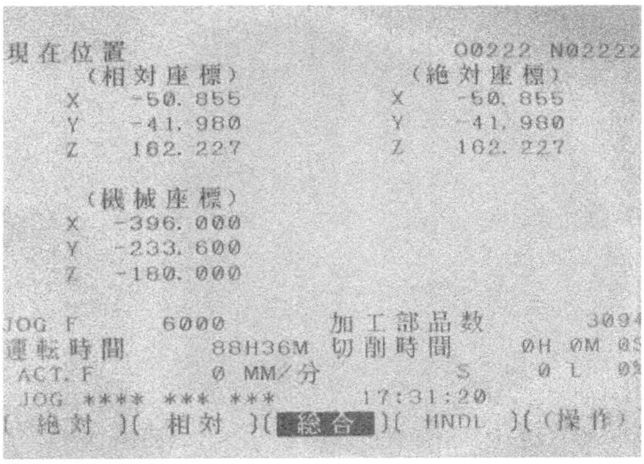

图 6-4 综合坐标系界面

(3)然后按软键"综合"或"相对"，并继续按"操作"键，出现图 6-5 所示界面。

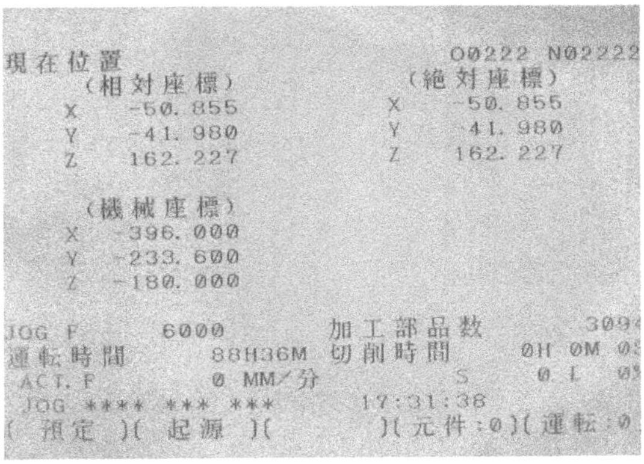

图 6-5 有"起源的界面"

（4）输入 X，然后按"起源"键（图 6-6），出现图 6-7 所示界面。此时 X 的相对坐标为 0。

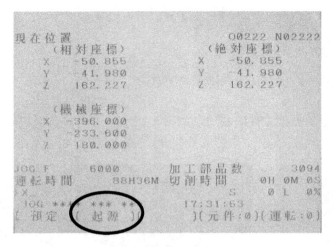

图 6-6　按"起源"键

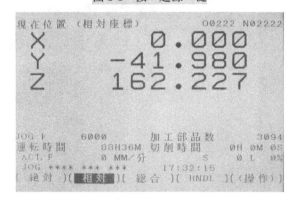

图 6-7　"起源"界面

（5）用手轮在 Y 轴不动的情况下，控制刀具或寻边器触碰工件的右边（图 6-8），此时 X 的相对坐标如图 6-9 所示。

图 6-8　触碰工件右边

图 6-9　X 相对坐标

（6）人工计算 X 坐标值的一半（如 155.2/2=74.6），用手轮在 Y 轴不动的情况下将轴反向移动到 X 坐标值的一半处（如 74.6），如图 6-10 所示。

图 6-10　*X* 坐标值一半

（7）按下"OFS/SET"键（图 6-11），出现图 6-12 所示界面。

图 6-11　"OFS/SET"键

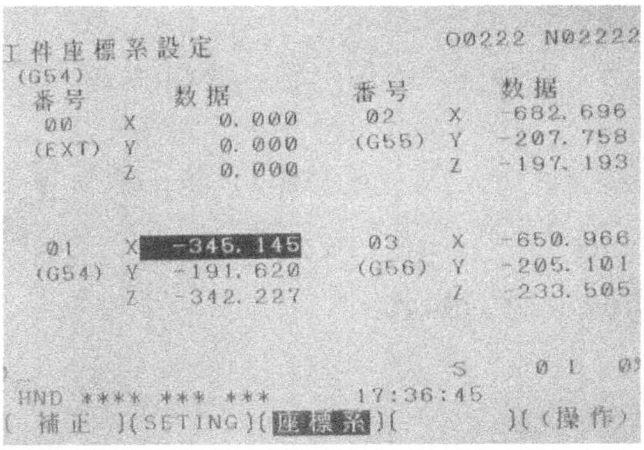

图 6-12　坐标系界面

（8）按下"坐标系"软键，然后输入 X0 并按"测量"软键（图 6-13），得到图 6-14 所示的结果。

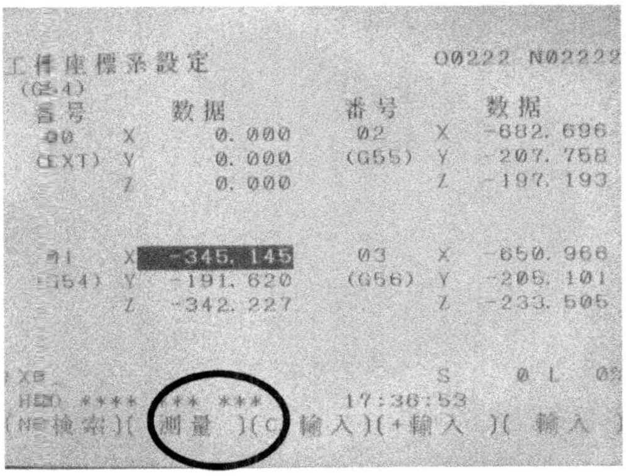

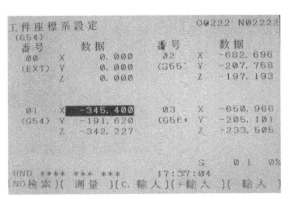

图 6-13　测量界面　　　　　　　　　　　图 6-14　测量结果

这就是 X 轴的分中对刀过程。

2. Y 向对刀

Y 向的对刀操作和 X 向的对刀操作过程基本是一样的，只是对应操作的是 Y 轴。例如，第 1 步中碰工件的前边（图 6-15），第（5）步中碰工件的后边（图 6-16）。

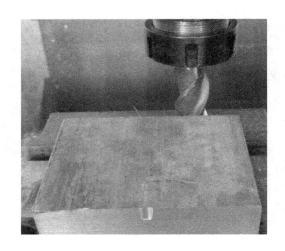

图 6-15　触碰工件前边　　　　　　　　　　　图 6-16　触碰工件后边

相应的第（4）步是输入 Y，然后按"起源"键，第（8）步输入 Y0，然后按"测量"软键。

3. Z 向对刀

Z 向对刀和 X、Y 轴的对刀不同，首先经过第（7）步，然后将刀具移动到编程（工件）零点处，最后在第（8）步中输入 Z0,然后按"测量"软键。

6.4.2　华中系统刀具的分中对刀操作

1. X 向对刀

（1）用刀具或寻边器触碰工件的左边（图 6-17）。

图 6-17　触碰工件左边

（2）按下"设置"键（图 6-18），出现图 6-19 所示界面。

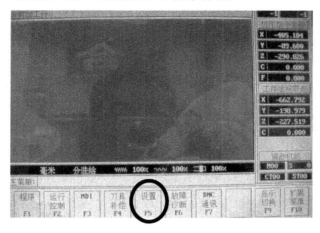

图 6-18　设置键界面

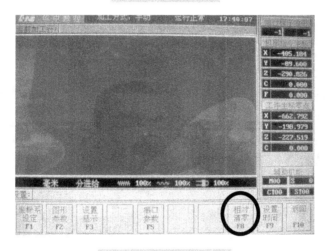

图 6-19　相对清零键界面

（3）按下"相对清零"键，出现图 6-20 所示界面。

（4）按下"X 轴清零"键，出现图 6-21 所示界面，X 轴的相对实际坐标变为"零"。

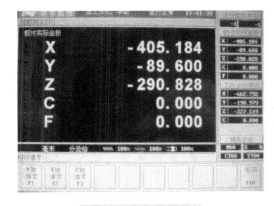

图 6-20　三轴清零界面

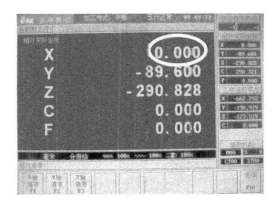

图 6-21　X 轴清零后界面

（5）用手轮在 Y 轴不动的情况下控制刀具或寻边器触碰工件的右边，如图 6-22 所示。此时 X 轴的相对坐标如图 6-23 所示。

图 6-22　刀具触碰工件右边

图 6-23　X 轴相对坐标界面

（6）人工计算 X 坐标值的一半（如 190/2=95），用手轮在 Y 轴不动的情况下将轴反向移动到 X 坐标值的一半处（如 95），见图 6-24。

（7）按下"返回"键，如图 6-24 所示，出现图 6-25 所示界面。

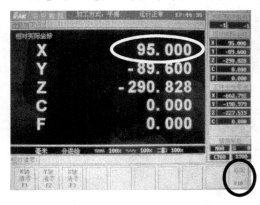

图 6-24　X 轴相对坐标一半界面

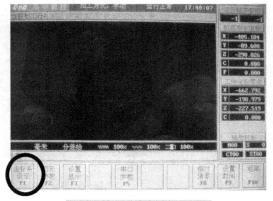

图 6-25　坐标系设定键界面

（8）按"坐标系设定"键，见图 6-25，出现图 6-26 所示界面。

（9）将此时的机床的机械坐标的 X 值输入机床并按"确认"键，出现图 6-27 所示界面。至此 X 轴的对刀就完成了。

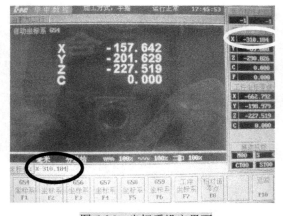

图 6-26　坐标系设定界面

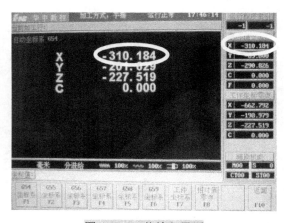

图 6-27　X 值输入界面

2. Y 向对刀

Y 向的对刀操作和 X 向的对刀操作是一样的，只是对应操作的是 Y 轴，例如，第(4)步是"Y 轴清零"，第(9)步将机床的机械坐标的 Y 值输入机床，并按确认键。

3. Z 向对刀

Z 向对刀和 X、Y 轴的对刀不同，首先经过第(2)步，然后将刀具移动到编程(工件)零点处，再经过第(8)步，最后将机床机械坐标的 Z 值输入机床并按确认键。

6.5　程序的检查、校验与运行

程序输入后，首先根据编程规则和零件轮廓对程序进行人工检查，无误后输入刀补，再进行校验或不校验(以人工检查为主，不能依赖校验)，最后修调各倍率按键(快速倍率、进给倍率、主轴倍率)，运行程序加工工件。

第7章　数控机床夹具

7.1　工件的安装

工件安装的内容如图 7-1 所示。

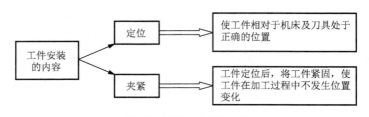

图 7-1　工件安装的内容

在机械加工过程中，为了保证加工精度，在加工前，应确定工件在机床上的位置，并固定好，以接受加工或检测。将工件在机床上或夹具中定位、夹紧的过程称为装夹。

工件的安装包含了定位和夹紧两个方面的内容：确定工件在机床上或夹具中正确位置的过程，称为定位。工件定位后将其固定，使其在加工中保持定位位置不变的操作，称为夹紧。

工件安装的方法包括找正安装和专用夹具安装。

1. 找正安装法

1）直接找正安装法

定义：用划针、百分表等工具直接找正工件位置并加以夹紧的方法，称为直接找正安装法。

特点：生产率低，精度取决于工人的技术水平和测量。

2）划线找正安装法

定义：先用划针画出要加工表面的位置，再按划线用划针找正工件在机床上的位置并加以夹紧的方法，称为划线找正安装法。

特点：费时，还需要技术高的划线工。

2. 夹具安装法

定义：将工件直接安装在夹具的定位元件上的方法，称为夹具安装法。

特点：

（1）工件在夹具中的正确定位，是通过工件上的定位基准面与夹具上的定位元件相接触而实现的。因此，不再需要找正便可将工件夹紧。

（2）由于夹具预先在机床上已调整好位置，因此，工件通过夹具相对于机床也就占有了正确的位置。

（3）通过夹具上的对刀装置，保证了工件加工表面相对于刀具的正确位置。

7.2 机床夹具

机床夹具是在机床上用以装夹工件的一种装置，其作用是使工件相对于机床或刀具有一个正确的位置，并在加工过程中保持这个位置不变。在机械制造中，为完成需要的加工工序、装配工序及检验工序等，需使用大量的夹具。

1. 夹具的分类

夹具的分类如图 7-2 所示。

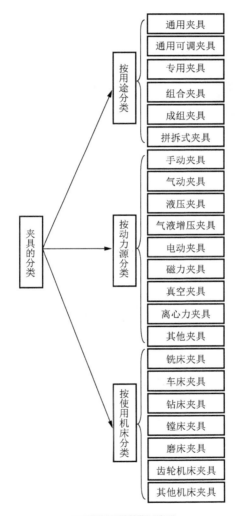

图 7-2 夹具的分类

2. 通用夹具的选用

通用夹具是指已经标准化、无须调整或稍加调整就可以用来装夹不同工件的夹具，如三爪卡盘、四爪卡盘、平口虎钳和万能分度头等。这类夹具主要用于单件小批生产。

1) 平口虎钳

平口虎钳是一种夹持工件的工具，如图 7-3 所示，它的夹持原理是利用螺杆或某机构使两钳口做相对移动而加紧工件。平口虎钳分固定侧与活动侧，固定侧与底面作为定位面，活动侧用于夹紧。平口虎钳分为钳工虎钳和机用虎钳。钳工虎钳呈拱形，钳口较高，钳身可在底座上任意转动并紧固。钳工虎钳安装在钳工工作台上，可夹持工件进行锯、锉等工作。机用虎钳是一种机床附件，它的钳口宽而低，夹紧力大，常采用液压、气动或偏心凸轮来驱动快速夹紧，精度要求高，机用虎钳也称平口钳，它可分为普通型和精密型。机用虎钳大多安装在钻床、牛头刨床、铣床和平面磨床等机床的工作台上使用。其中，精密型主要用在镗床、平面磨床等精加工机床上。机用虎钳按结构可分为不带底座的固定式、带底座的回转式和可倾斜式等。

(a)　　　　　　　　　　　　　　　　　　　　(b)

图 7-3　平口虎钳

2) 正弦平口钳

正弦平口钳通过钳身上的孔及滑槽来改变角度，可用于斜面零件的装夹，如图 7-4 所示。同时如果配以各种附件，可以大大扩展其装夹范围，提高其利用率。图 7-5 所示为各种正弦平口钳附件。

图 7-4　正弦平口钳

图 7-5　正弦平口钳可选附件

3）（液压）三爪（自定心）卡盘

（液压）三爪（自定心）卡盘适合夹紧圆形零件，夹紧后自动定心，（液压）三爪（自定心）卡盘用于回转工件的（自动）装卡，见图 7-6。

(a)普通卡盘　　　　　　　　　　　　　　(b)液压卡盘

图 7-6　（液压）三爪（自定心）卡盘

4）（液压）四爪卡盘

（液压）四爪卡盘可以用于方形、异形及非回转体或偏心件的装卡，可以方便地调整中心，见图 7-7。

(a)普通卡盘　　　　　　　　　　　　　　(b)液压卡盘

图 7-7　（液压）四爪卡盘

3．专用夹具

专用夹具指专为某一工件的某一加工工序而设计制造的夹具。结构紧凑，操作方便，主要用于固定产品的大批大量生产。连杆加工专用夹具如图 7-8 所示。

该夹具靠工作台 T 形槽和夹具体上定位键确定其在数控铣床上的位置，并用 T 形螺栓紧固。

图 7-8　连杆加工专用夹具

4．组合夹具

1）孔系组合夹具

孔系组合夹具的结构组成如图 7-9 所示，其生产应用实例如图 7-10 所示。

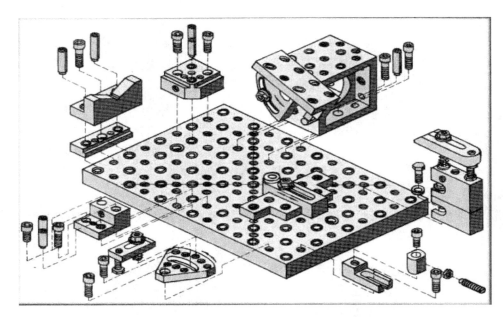

图 7-9　孔系组合夹具

图 7-10　孔系组合夹具生产应用实例

2）蓝系组合夹具

在操作平台上集成了通用夹具、专用夹具、组合夹具的夹持特性；满足了三爪卡盘、台钳、弯板、正弦台、分度头、回转盘、回转分度盘的夹具结构要求，还增添了五轴机床才能加工完成的空间复合角度功能，成为在车、铣、刨、磨、镗、钻、加工中心都能使用的柔性夹具系统。其典型结构有平面回转铣削单元、垂直回转铣削单元、角度回转铣削单元、平面定位车削单元、垂直定位车削单元、角度定位车削单元、平面钻削单元、角度钻削单元、复合角度钻削单元，如图 7-11～图 7-14 所示。

图 7-11　虎钳平面回转铣削单元

图 7-12　三爪卡盘平面回转铣削单元

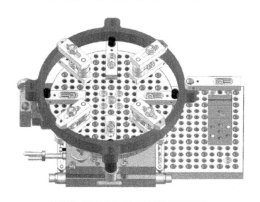

图 7-13　角度回转铣削单元 1

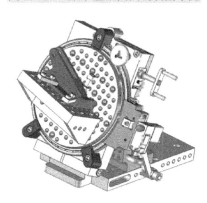

图 7-14　角度回转铣削单元 2

5．机床夹具的组成（图 7-15）

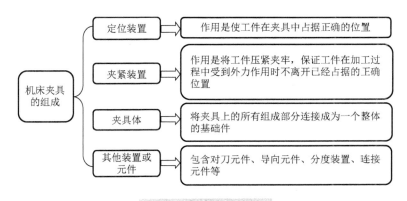

图 7-15　机床夹具的组成

6．机床夹具作用

（1）保证加工精度：用机床夹具装夹工件，能准确确定工件与刀具、机床之间的相对位置关系，可以保证加工精度。

（2）提高生产效率：机床夹具能快速地将工件定位和夹紧，可以减少辅助时间，提高生产效率。

（3）减轻劳动强度：机床夹具采用机械、气动、液动夹紧装置，可以减轻工人的劳动强度。

（4）扩大机床的工艺范围：利用机床夹具，能扩大机床的加工范围，例如，在车床或钻床上使用镗模可以代替镗床镗孔，使车床、钻床具有镗床的功能。

7.3　工件在夹具中的定位

在机械加工中，要求加工出来的表面，对加工件的其他表面保持规定的位置尺寸。因为加工表面是由切削刀具和机床的综合运动所造成的，所以在加工时，必须使加工件上的规定表面(线、点)对刀具和机床保持正确的位置才能加工出合格的产品。

7.3.1　工件定位基本原理

任何一个自由刚体，在空间均有六个自由度，即沿空间坐标轴 X、Y、Z 三个方向的移动和绕此三坐标轴的转动。工件定位的实质就是限制工件的自由度。

7.3.2　六点定位原理

工件定位时，用合理分布的六个支撑点与工件的定位基准相接触来限制工件的六个自由度，使工件的位置完全确定，称为六点定位原理。六点定位原理是工件定位的基本法则，用于实际生产时，起支撑作用的是一定形状的几何体，这些用来限制工件自由度的几何体就是定位元件，如图 7-16 所示。

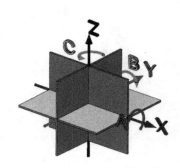

图 7-16　工件在夹具中的定位

7.4　在夹具中限制工件自由度

夹具中限制工件自由度的几种方式如图 7-17 所示。

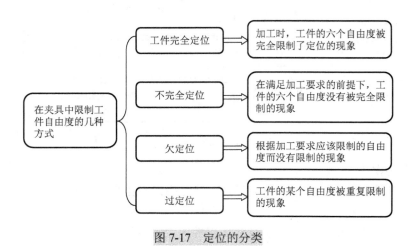

图 7-17　定位的分类

1．工件夹紧力的确定(图 7-18)

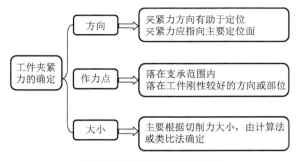

图 7-18　工件夹紧力的确定

2．基本夹紧机构(图 7-19)

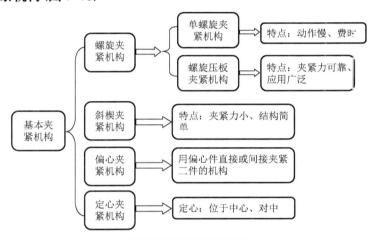

图 7-19　基本夹紧机构

1)螺旋夹紧机构

螺旋夹紧的工作特点为：

(1)自锁性能好，通常采用标准的夹紧螺钉，螺旋升角 α 甚小，如 M8～M48 的螺钉，$\alpha=1°50'\sim3°10'$，远小于摩擦角，故夹紧可靠，保证自锁。

(2)增力比大($i\approx75$)。

(3)夹紧行程调节范围大。

(4)夹紧动作慢、工件装卸费时。

螺旋夹紧机构如图 7-20 所示。

由于螺旋夹紧具有以上特点，很适用于手动夹紧，在机动夹紧机构中应用较少。针对其夹紧动作慢、辅助时间长的缺点，通常采用各种形式的快速夹紧机构，在实际生产中，螺旋-压板组合夹紧比单螺旋夹紧用得更为普遍。

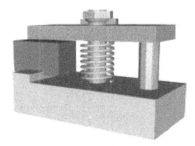

图 7-20　螺旋夹紧机构

2)斜楔夹紧机构

斜楔夹紧机构是铣床夹具中使用最普遍的是机械夹紧机构，斜楔夹紧机构主要利用其斜面移动时所产生的压力夹紧工件。斜楔夹紧机构工作原理是：将工件装入，敲击斜楔大头，夹紧工件；加工完毕，敲击斜楔小头，使工件松开。生产中很少单独使用斜楔夹紧机构。但由斜楔与其他机构组合而成的夹紧机构却在生产中得到广泛应用。斜楔夹紧是其中最基本的形式，螺旋、偏心等机构是斜楔夹紧机构的演变形式，如图7-21所示。

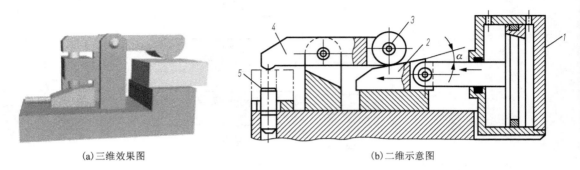

(a)三维效果图　　　　　　　　　　(b)二维示意图

图7-21　斜楔夹紧机构

1-气缸；2-斜楔；3-辊子；4-压板；5-零件

3)偏心夹紧机构

用偏心件直接或间接夹紧工件的机构称为偏心夹紧机构。偏心件类型有两种：圆偏心、曲线偏心。其中，圆偏心机构因结构简单、制造容易而得到广泛的应用。圆偏心具有结构简单、操作方便、夹紧迅速等优点。但也存在一些缺点，如夹紧力和夹紧行程小、自锁可靠性差、结构抗冲击性较差，故一般用于夹紧行程短及切削载荷小且平稳的场合，如图7-22和图7-23所示。

图7-22　偏心夹紧机构(一)

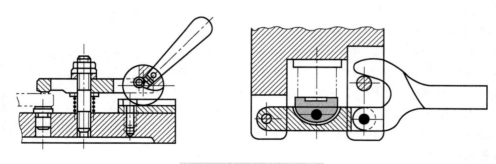

图7-23　偏心夹紧机构(二)

偏心夹紧的特点：结构简单、操作方便、动作迅速。缺点是：自锁性能较差、增力比较小、夹紧行程小、夹紧力不大。一般常用于切削平稳且切削力不大的场合。

4) 定心夹紧机构

定心夹紧机构是指能保证工件的对称点(或对称线、面)在夹紧过程中始终处于固定准确位置,定位和夹紧同时实现的夹紧机构。当工件被加工面以中心要素(轴线、中心平面等)为工序基准时,为使基准重合以减少定位误差,需采用定心夹紧机构。如图 7-24 所示。

特点:夹紧机构的定位元件与夹紧元件合为一体,并且定位和夹紧动作是同时进行的。

图 7-24　定心夹紧机构

工作原理:利用定位-夹紧元件的等速移动或均匀弹性变形来实现定心或对中。定心夹紧机构按其工作原理分为两种类型,一种是按定位-夹紧元件等速移动原理来实现定心夹紧的,三爪(自定心)卡盘就是典型实例,还有螺栓式定心夹紧机构、楔式定心夹紧机构、杠杆式定心夹紧机构;另一种是按定位-夹紧元件均匀弹性变形原理来实现定心夹紧的机构,如弹簧筒夹式定心夹紧机构、膜片卡盘定心夹紧机构、波纹套定心夹紧机构、液性塑料定心夹紧机构。

第8章 数控加工冷却液

数控加工过程中合理选用冷却润滑液，可以有效地减小切削过程中的摩擦，改善散热条件，从而降低切削力、切削温度和刀具磨损，提高刀具耐用度、切削效率和已加工表面质量，并且降低产品的加工成本。随着科学技术和机械加工工业的不断发展，特别是大量的难切削材料的应用以及人们对产品零件加工质量越来越高的要求，给切削加工带来了难题。为了使这些难题获得解决，除合理选择别的切削条件外，合理选择切削液也尤为重要。

8.1 切削液的分类

1. 水溶液

其主要成分是水。由于水的导热系数是油的导热系数的三倍，所以它的冷却性能好。在其中加入一定量的防锈和汕性添加剂，还能起到一定的防锈和润滑作用。

2. 乳化液

(1)普通乳化液：由防锈剂、乳化剂和矿物油配制而成。清洗和冷却性能好，兼有防锈和润滑性能。

(2)防锈乳化液：在普通乳化液中，加入大量的防锈剂，其作用同(1)，用于防锈要求严格的工序和气候潮湿的地区。

(3)极压乳化液：在乳化液中，添加含硫、磷、氯的极压添加剂，能在切削时的高温、高压下形成吸附膜，起润滑作用。

3. 切削油

(1)矿物油：有 5#、7#、10#、20#、30#机械油和柴油、煤油等，适用于一般润滑。

(2)动、植物油及复合油：有豆油、菜籽油、棉籽油、蓖麻油、猪油等。复合油由动、植、矿三种油混合而成、具有良好的边界润滑效果。

(3)极压切削油：以矿物油为基础，加入油性、极压添加剂和防锈剂而成。具有动、植物油良好的润滑性能和极压润滑性能。

8.2 切削液的作用

1. 冷却作用

它可以降低切削温度、提高刀具耐用度和减小工件热变形，保证加工质量。一般的情况下，可降低切削温度 50~150℃。

2. 润滑作用

它可以减小切屑与前刀面、工件与刀具后刀面的摩擦，以降低切削力、切削热和限制积屑瘤和鳞刺的产生。一般的切削油在 200℃左右就失去润滑能力。如加入极压添加剂，就可以在高温(600~1000℃)、高压(1470~1960MPa)条件下起润滑作用。这种润滑称为极压润滑。

3. 清洗作用

可以将黏附在工件、刀具和机床上的切屑粉末在一定压力的切削液作用下冲洗干净。

4. 防锈作用

防止机床、工件、刀具受周围介质(水分、空气、手汗)的腐蚀。

8.3　冷却润滑液的选择

1. 根据工件材料选择

(1)铸铁、青铜在切削时，一般不用切削液。精加工时，用煤油。

(2)切削铝时，用煤油。

(3)切削有色金属时，不宜用含硫的切削液。

(4)切削镁合金时，用矿物油。

(5)切削一般钢时，采用乳化液。

(6)切削难切削材料时，应采用极压切削液。

2. 根据工艺要求和切削特点选择

(1)粗加工时，应选冷却效果好的切削液。

(2)精加工时，应选润滑效果好的切削液。

(3)加工孔时，应选用浓度大的乳化液或极压切削液。

(4)深孔加工时，应选用含有极压添加剂浓度较低的切削液。

(5)磨削时，应选用清洗作用好的切削液。

(6)用硬质合金、陶瓷和 PCD、PCBN 刀具切削时，一般不用切削液。要用时，必须自始至终的供给。PCBN 刀具在切削时，不能用水质切削液。因为 CBN 在 1000℃ 以上高温时，会与水发生化学反应而被消耗。

第9章 数控机床典型零件加工

9.1 数控车床典型零件加工

9.1.1 阶梯轴的加工

阶梯轴的加工项目图纸如图 9-1 所示。

1. 实训目标

(1) 初步掌握对刀的方法及其检查方法。

(2) 掌握阶梯轴、倒角的加工方法。

(3) 能够正确使用量具检测阶梯轴相关尺寸。

(4) 遵守操作规程，养成文明操作、安全操作的良好习惯。

2. 工艺分析

1) 加工方案

根据零件的尺寸和毛坯尺寸 $\phi45$ mm $\times 75$ mm，确定加工方案。

(1) 采用三爪(自定心)卡盘装夹。

(2) 零件伸出卡盘 40 mm。

(3) 对刀。

(4) 车端面。

(5) 粗、精加工零件轮廓至尺寸要求。

2) 刀具卡(表 9-1)

表 9-1 刀具卡

实训课题		项目二	零件名称		零件图号	
序号	刀具号	刀具名称及规格	刀尖半径 R/mm	刀尖位置 T	数量/个	加工表面
(1)	T0101	90°硬质合金右偏刀	0.4	3	1	外轮廓表面
(2)	T0202	90°硬质合金右偏刀	0.4	3	1	外轮廓表面

3) 工序卡(表 9-2)。

表 9-2 工序卡

材料	45	零件图号		系统	FANUC oi	工序号	001
程序名		机床设备	CAK6140	夹具名称		三爪(自定心)卡盘	
操作序号	工步内容(走刀路线)		G 功能	T 刀具	切削用量		
					转速 S /(r/min)	进给速度 F /(mm/r)	切削深度 a_p /mm
(1)	粗车工件外轮廓						
(2)	精车工件外轮廓						

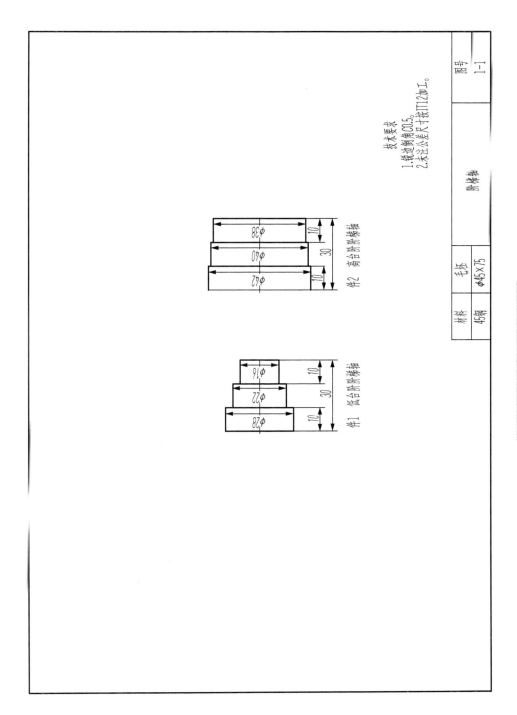

图 9-1　阶梯轴的加工项目图图纸

3. 注意事项

(1)操作时间：120 min。

(2)确认车刀安装的刀位和程序中刀号相一致。

(3)仔细检查和确认是否符合"单段"加工模式。

(4)为检验对刀正确性，刀具靠近零件时按"进给保持"，检验余量和实际位置是否相符。

(5)运行程序时，"快速进给倍率"不大于 30%。

4. 实训报告(表 9-3)

表 9-3　数控车技训报告单

机床号		班级		姓名	
基点计算					
零件程序					
问题分析					
学习心得					
教师评价					

指导老师：

5. 评分标准(表 9-4)

表 9-4　考核评分表

检查项目		技术要求	配分	评分标准	检查结果	得分
机床操作	1	按步骤开机、检查、润滑	2	不正确无分		
	2	回机床参考点	2	不正确无分		
	3	按程序格式输入程序，检查及修改	2	不正确无分		
	4	程序轨迹检查	2	不正确无分		
	5	工、夹、刀具的正确安装	2	不正确无分		
	6	按指定方式对刀	2	不正确无分		
	7	检查对刀	10	不正确无分		
外圆	8	$\phi 28$ mm	10	超差 0.05 扣 4 分		
	9	$\phi 22$ mm	10	超差 0.05 扣 4 分		
	10	$\phi 16$ mm	8	超差 0.05 扣 4 分		
长度	13	10 mm	8	超差无分		
	14	10 mm	8	超差无分		
	15	30 mm	8	超差无分		
其他	16	锐边倒角 C0.5	6	不符无分		
	17	安全操作规程	20	违反扣 3 分/次		
总配分			100	总得分		
加工开始时间:			加工日期:		检查:	
加工结束时间:			加工时间:		评分:	

6. 知识链接

1)编程指令

(1)快速定位 G00。

格式：G00　X(U)____　Z(W)____;

G00 指令刀具相对于工件以各轴预先设定的速度，从当前位置快速移动到程序段指定的定位目标点。

(2)直线进给 G01。

格式：G01　X(U)____　Z(W)____　F____;

G01 指令刀具以联动的方式，按 F 规定的合成进给速度，从当前位置按线性路线(联动直线轴的合成轨迹为直线)移动到程序段指定的终点。

2)阶梯轴的基本知识

阶梯轴的作用包括以下 3 个方面。

(1)定位零件。

(2)承受轴向力。

(3)结构的需要。此项往往根据零件或机构的具体情况而定。

3)游标卡尺的使用

游标卡尺是一种常用的量具，具有结构简单、使用方便、精度中等、测量的尺寸范围大等特点，可以用来测量零件的外径、内径、长度、宽度、厚度、深度和孔距等，应用范围很广。其结构如图 9-2 所示。

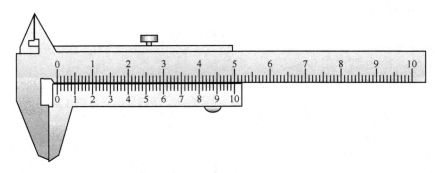

图9-2　游标卡尺结构示意图

　　以准确度为 0.1 mm 的游标卡尺为例，主尺的最小分度是 1 mm，游标尺上有 10 个小的等分刻度，它们的总长等于 9 mm，因此游标尺的每一分度与主尺的最小分度相差 0.1 mm。所以当左右测脚合在一起，游标的零刻线与主尺的零刻线重合时，除了游标的第 10 条刻线与主尺的 9 mm 的刻线重合外，其余刻线都不重合。游标的第 1 条刻线在主尺的 1 mm 刻线左边 0.1 mm 处。游标的第 2 条刻线在主尺的 2 mm 刻线左边 0.2 mm 处。

　　在测量大于 1mm 的长度时，整的毫米数从主尺上读取，十分之几的毫米数从游标上读取。

9.1.2　成形面的加工

　　弧面工件的加工项目图纸如图 9-3 所示。

1．实训目标

(1)掌握端面、外圆、圆锥、圆弧的编程和加工方法。

(2)能熟练掌握精车刀的刀具补偿。

(3)能对加工质量进行分析处理。

2．工艺分析

1)加工方案

根据零件的尺寸和毛坯尺寸 $\phi45$ mm×90 mm，确定加工方案。

先加工零件外形轮廓，切断零件后调头，保证零件总长。

(1)采用三爪(自定心)卡盘装夹。

(2)零件伸出卡盘 70 mm。

(3)对刀。

(4)车端面。

(5)粗、精加工零件轮廓至尺寸要求。

(6)切断零件，总长留有 0.5 mm 余量。

(7)零件调头，夹 $\phi42$ mm 外圆(校正)。

(8)加工零件总长至尺寸要求。

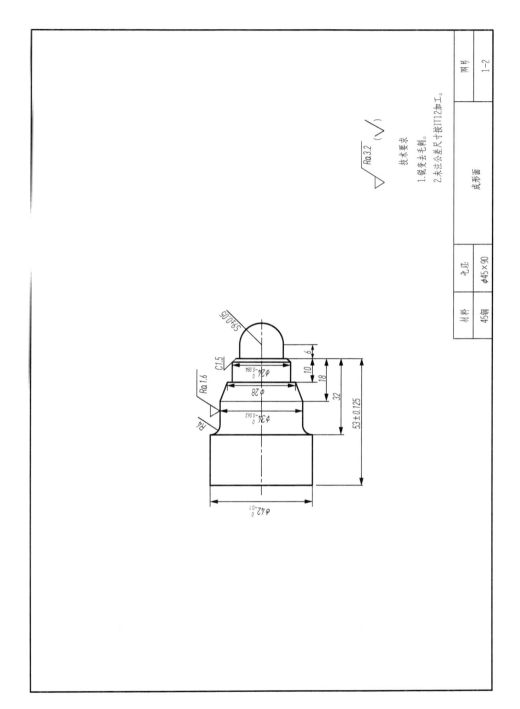

图 9-3　弧面工件的加工项目图纸

材料	毛坯		图号
45钢	$\phi45\times90$	成形面	1-2

技术要求
1. 锐边去毛刺。
2. 未注公差尺寸按IT12加工。

$\sqrt{Ra3.2}$ ($\sqrt{\ }$)

2) 刀具卡(表9-5)

表9-5　刀具卡

实训课题		项目四	零件名称		零件图号	
序号	刀具号	刀具名称及规格	刀尖半径 R/mm	刀尖位置 T	数量/个	加工表面
(1)	T0101	90° 右偏外圆刀	0.4	3	1	外轮廓表面
(2)	T0202	93° 右偏外圆刀	0.4	3	1	外轮廓表面

3) 工序卡(表9-6)

表9-6　工序卡

材料	45	零件图号		系统	FANUC oi	工序号	001
程序名		机床设备	CAK6140	夹具名称		三爪(自定心)卡盘	
操作序号	工步内容 (走刀路线)		G 功能	T 刀具	切削用量		
					转速 S /(r/min)	进给速度 F /(mm/r)	切削深度 a_p /mm
(1)	粗车工件外轮廓						
(2)	精车工件外轮廓						

3. 注意事项

(1)操作时间：120 min。

(2)使用刀具补偿量时，要根据数控系统的要求正确使用。

(3)对刀时，要注意编程零点和对刀零点的位置。

4. 实训报告(表9-7)

表9-7　数控车技训报告单

机床号		班级		姓名	
基点计算					
零件程序					
问题分析					
学习心得					
教师评价					

指导老师：

5. 评分标准(表 9-8)

表 9-8　考核评分表

检查项目		技术要求	配分	评分标准	检查结果	得分
机床操作	1	按步骤开机、检查、润滑	2	不正确无分		
	2	回机床参考点	2	不正确无分		
	3	按程序格式输入程序，检查及修改	2	不正确无分		
	4	程序轨迹检查	2	不正确无分		
	5	工、夹、刀具的正确安装	2	不正确无分		
	6	按指定方式对刀	2	不正确无分		
	7	检查对刀	2	不正确无分		
外圆	8	$\phi 42_{-0.1}^{0}$ mm $Ra3.2$ mm	6/5	超差 0.01 扣 4 分、降级无分		
	9	$\phi 34_{-0.062}^{0}$ mm $Ra1.6$	6/5	超差 0.01 扣 4 分、降级无分		
	10	$\phi 24_{-0.084}^{0}$ mm $Ra3.2$ mm	6/5	超差 0.01 扣 4 分、降级无分		
圆锥	11	锥台($D=34$，$d=28$，$L=8$)	6	超差无分		
弧面	12	$SR9\pm0.05$ mm	6	超差无分		
长度	13	(53 ± 0.125)mm	6	超差无分		
	14	32 mm	6	超差无分		
	15	18 mm	6	超差无分		
	16	10 mm	6	超差无分		
其他	17	1.5 mm×45°	4	不符无分		
	18	锐边去毛刺	3	不符无分		
	19	安全操作规程	10	违反扣 3 分/次		
总配分			100	总得分		
加工开始时间:			加工日期:		检查:	
加工结束时间:			加工时间:		评分:	

6. 知识链接

1)编程指令

G02/G03 指令刀具按顺时针/逆时针进行圆弧加工，其中 G02 为顺时针圆弧插补，G03 为逆时针圆弧插补。

$$格式: \begin{Bmatrix} G02 \\ G03 \end{Bmatrix} X(U)\_\_Z(W)\_\_ \begin{Bmatrix} I\_\_K\_\_ \\ R\_\_ \end{Bmatrix} F\_\_$$

圆弧顺逆方向的判定：圆弧插补 G02/G03 的判断，是在加工平面内(即观察者迎着 Y 轴的指向，所面对的平面)，根据其插补时的旋转方向，若为顺时针则为 G02，若为逆时针则为 G03。

2)半径规的使用

R 规也称 R 样板、半径规，如图 9-4 所示。

图 9-4　R 规

R 规是利用光隙法测量圆弧半径的工具。测量时必须使 R 规的测量面与工件的圆弧完全地紧密接触。当测量面与工件的圆弧中间没有间隙时，工件的圆弧度数则为此时 R 规上所显示的数字。由于是目测，故准确度不是很高，只能作定性测量。

3)使用方法

检验轴类零件的圆弧曲率半径时，样板要放在径向界面内；检验平面形圆弧曲率半径时，样板应平行于被检截面，不得前后倾斜。

使用 R 半径样板检验工件圆弧半径有两种方法。一是当已知被检验工件的圆弧半径时，可选用相应尺寸的半径样板去检验。二是事先不知道被检工件的圆弧半径时，要用试测法进行检验。方法是：首先用目测估计被检工件的圆弧半径，依次选择半径样板去试测。当光隙位于圆弧的中间部分时，说明工件的圆弧半径 r 大于样板的圆弧半径 R，应换一片半径大一些的样板去检验。当光隙位于圆弧的两边时，说明工件的半径 r 小于样板的半径 R，应换一片小一点的样板去检验，直到两者吻合，即 $r=R$，则此样板的半径就是被测工件的圆弧半径。

如果根据工件圆弧半径的公差选两片极限样板，对于凸面圆弧，用上限半径样板去检验时，允许其两边沿漏光；用下限半径样板检验时，允许其中间漏光，均可确定该工件的圆弧半径在公差范围内。对于凹面圆弧，漏光情况则相反。

4)维护保养

半径样板使用后应擦净，擦时要从铰链端向工作端方向擦，切勿逆擦，以防止样板折断或者弯曲。

半径样板要定期检定。样板上标明的半径数值不清时不可使用，以防错用。

9.1.3　螺纹件的加工

螺纹件的加工项目图纸如图 9-5 所示。

1. 实训目标

(1)能根据零件图的要求，合理选择进刀路线及切削用量。

(2)掌握三角形螺纹的基本加工方法。

(3)掌握切槽刀、螺纹车刀的对刀方法。

(4)能控制螺纹的尺寸精度和表面粗糙度。

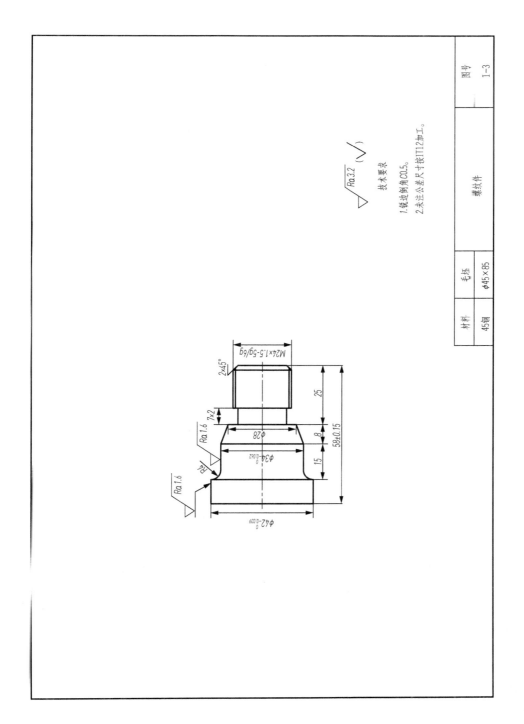

图 9-5　螺纹件的加工项目图纸

2．工艺分析

1）加工方案

根据零件的尺寸和毛坯尺寸 ϕ45 mm×85 mm，确定加工方案。

先加工零件外形轮廓，切断零件后调头，保证零件总长。

(1) 采用三爪（自定心）卡盘装夹。

(2) 零件伸出卡盘 70 mm。

(3) 车端面。

(4) 粗、精加工零件外形轮廓至尺寸要求。

(5) 切槽 7×2 至尺寸要求。

(6) 粗、精加工螺纹至尺寸要求。

(7) 切断零件，总长留有 0.5 mm 余量。

(8) 零件调头，夹 ϕ42 mm 外圆（校正）。

(9) 加工零件总长至尺寸要求。

2）刀具卡（表 9-9）

表 9-9　刀具卡

实训课题		项目六	零件名称		零件图号	
序号	刀具号	刀具名称及规格	刀尖半径 R/mm	刀尖位置 T	数量/个	加工表面
(1)	T0101	90°右偏外圆刀	0.4	3	1	外轮廓表面
(2)	T0202	90°右偏外圆刀	0.4	3	1	外轮廓表面
(3)	T0303	车槽刀	B=4 mm		1	
(4)	T0404	60°外螺纹车刀	0.2	0	1	

3）工序卡（表 9-10）

表 9-10　工序卡

材料	45	零件图号		系统	FANUC oi	工序号		001
程序名		机床设备	CAK6140		夹具名称		三爪（自定心）卡盘	
操作序号	工步内容（走刀路线）		G 功能	T 刀具	切削用量			
					转速 S/(r/min)	进给速度 F/(mm/r)	切削深度 a_p/mm	
(1)	粗车工件外轮廓							
(2)	精车工件外轮廓							
(3)	切削 7×2 退刀槽							
(4)	车削螺纹							

3．注意事项

(1) 螺纹精车刀的刀尖圆弧半径不能太大，否则影响螺纹的牙型。

(2) 安装螺纹车刀时，必须要使用对刀样板。

(3) 硬质合金螺纹车刀纵向前角为 0°，采用直进法加工。

4. 实训报告(表 9-11)

表 9-11　数控车技训报告单

机床号		班级		姓名	
基点计算					
零件程序					
问题分析					
学习心得					
教师评价					

指导老师:

5. 评分标准(表 9-12)

表 9-12　考核评分表

检查项目		技术要求	配分	评分标准	检查结果	得分
机床操作	1	按步骤开机、检查、润滑	2	不正确无分		
	2	回机床参考点	2	不正确无分		
	3	按程序格式输入程序，检查及修改	2	不正确无分		
	4	程序轨迹检查	2	不正确无分		
	5	工、夹、刀具的正确安装	2	不正确无分		
	6	按指定方式对刀	2	不正确无分		
	7	检查对刀	2	不正确无分		
外圆	8	$\phi 42_{-0.039}^{0}$ mm　$Ra1.6$ mm	6/4	超差 0.01 扣 4 分、降级无分		
	9	$\phi 34_{-0.062}^{0}$ mm　$Ra1.6$ mm	6/4	超差 0.01 扣 4 分、降级无分		
圆锥	10	锥台($D=34$, $d=28$, $L=8$)	6	超差无分		
沟槽	11	7 mm×2 mm	7	超差无分		
长度	12	(58±0.15)mm	6	超差无分		
	13	15 mm	6	超差无分		
	14	8 mm	6	超差无分		
	15	25 mm	6	超差无分		
螺纹	16	M24×1.5-5g/6g	12	不符无分		
其他	17	2 mm×45°	3	不符无分		
	19	$R4$ mm	2	不符无分		
	20	锐边倒角 $C0.5$	2	不符无分		
	21	安全操作规程	10	违反扣 3 分/次		
总配分			100	总得分		
加工开始时间：			加工日期：		检查：	
加工结束时间：			加工时间：		评分：	

6. 知识链接

1)编程指令

G71 指令的功能：只需要指定精加工的路径，系统会自动计算出粗加工的走刀路径和走刀次数，完成工件粗加工。

(1)华中系统的 G71 指令的格式：

G71 U(Δd) R(r) P(n_s) Q(n_f) X(Δx) Z(Δz) F(f) S(s) T(t)

(2)FANUC-0i-mate 系统的 G71 指令格式：

G71 U(Δd) R(r);
G71 P(n_s) Q(n_f)U(Δx)W(Δz) F(f) S(s) T(t);

2）说明

（1）Δd 为切削深度（每次切削量），指定时不加符号，方向由矢量决定。

（2）r 为每次退刀量。

（3）n_s 为精加工路径第一程序段的顺序号。

（4）n_f 为精加工路径最后程序段的顺序号。

（5）Δx 为 X 方向精加工余量。

（6）Δz 为 Z 方向精加工余量。

（7）f、s、t 为粗加工时 G71 中编程的 F、S、T 有效，而精加工时处于 n_s 到 n_f 程序段之间的 F、S、T 有效。

3）螺纹环规的使用

（1）如图 9-6 所示，螺纹量规通规模拟被测螺纹的最大实体牙型，检验被测螺纹的作用中径是否超过其最大实体牙型的中径，并同时检验底径实际尺寸是否超过其最大实体尺寸。

图 9-6　螺纹环规和螺纹塞规

（2）检验方法如下。

如果被测螺纹能够与螺纹通规旋合通过，且与螺纹止规不完全旋合通过（螺纹止规只允许与被测螺纹两段旋合，旋合量不得超过两个螺距），就表明被测螺纹的作用中径没有超过其最大实体牙型的中径，且单一中径没有超出其最小实体牙型的中径，那么就可以保证旋合性和连接强度，则被测螺纹中径合格；否则不合格。

4）螺纹塞规的使用

螺纹塞规的外形图如图 9-6 所示。

检验方法：如果被测螺纹能够与螺纹通规旋合通过，且与螺纹止规不完全旋合通过（螺纹止规只允许与被测螺纹两段旋合，旋合量不得超过两个螺距），就表明被测螺纹的作用中径没有超过其最大实体牙型的中径，且单一中径没有超出其最小实体牙型的中径，那么就可以保证螺纹旋合性和连接强度，则被测螺纹中径合格；否则不合格。

9.1.4　槽的加工

槽的加工项目图纸如图 9-7 所示。

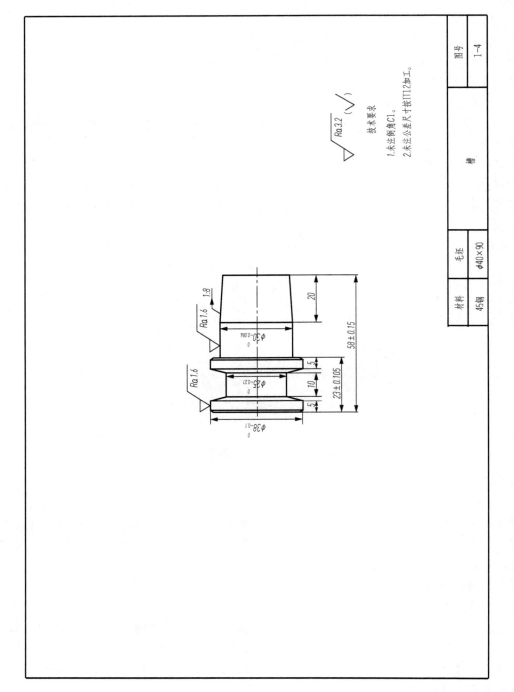

图 9-7 槽的加工项目图纸

1. 实训目标

(1) 掌握加工 V 形槽的编程与加工方法。

(2) 掌握切槽刀的选择及安装的基本方法。

(3) 能应用合理的加工方法确保槽的精度。

(4) 正确使用量具测量轴类零件的槽及相关尺寸。

2. 工艺分析

1) 加工方案

根据零件的尺寸和毛坯尺寸 $\phi 40 \ mm \times 90 \ mm$，确定加工方案。

先加工零件外形轮廓，切断零件保证总长。

(1) 采用三爪(自定心)卡盘装夹。

(2) 零件伸出卡盘 60 mm。

(3) 车端面。

(4) 粗、精加工零件外形轮廓至尺寸要求。

(5) 粗、精加工梯形槽至尺寸要求。

(6) 切断零件保证总长。

2) 刀具卡(表 9-13)

表 9-13　刀具卡

实训课题		项目八	零件名称		零件图号	
序号	刀具号	刀具名称及规格	刀尖半径 R/mm	刀尖位置 T	数量/个	加工表面
(1)	T0101	90° 右偏外圆刀	0.4	3	1	外轮廓表面
(2)	T0202	90° 右偏外圆刀	0.4	3	1	外轮廓表面
(3)	T0303	车槽刀	$B=4$ mm		1	

3) 工序卡(表 9-14)

表 9-14　工序卡

材料	45	零件图号		系统	FANUC oi	工序号	001
程序名		机床设备	CAK6140	夹具名称	三爪(自定心)卡盘		
操作序号	工步内容(走刀路线)		G 功能	T 刀具	切削用量		
					转速 S /(r/min)	进给速度 F /(mm/r)	切削深度 a_p /mm
(1)	粗车工件外轮廓						
(2)	精车工件外轮廓						
(3)	切槽						

3. 注意事项

(1) 操作时间：120 min。

(2) 切槽刀安装时，主切削刃与工件轴线要平行。

(3) 切槽刀对刀时确定的刀位点要和编程时确定的刀位点一致。

4. 实训报告(表 9-15)

表 9-15　数控车技训报告单

机床号		班级		姓名	
基点计算					
零件程序					
问题分析					
学习心得					
教师评价	指导老师：				

5. 评分标准(表 9-16)

表 9-16　考核评分表

检查项目		技术要求	配分	评分标准	检查结果	得分
机床操作	1	按步骤开机、检查、润滑	2	不正确无分		
	2	回机床参考点	2	不正确无分		
	3	按程序格式输入程序，检查及修改	2	不正确无分		
	4	程序轨迹检查	2	不正确无分		
	5	工、夹、刀具的正确安装	2	不正确无分		
	6	按指定方式对刀	2	不正确无分		
	7	检查对刀	4	不正确无分		
外圆	8	$\phi 38_{-0.1}^{0}$ mm $Ra1.6$ mm	6/4	超差 0.01 扣 4 分、降级无分		
	9	$\phi 30_{-0.084}^{0}$ mm $Ra1.6$ mm	6/5	超差 0.01 扣 4 分、降级无分		
圆锥	10	1:8	6	超差、降级无分		
沟槽	11	10 mm	5	超差无分		
	12	1.5 mm　　两侧 $Ra3.2$ mm	6/4	不符、降级无分		
	13	$\phi 25_{-0.21}^{0}$ mm　　槽底 $Ra3.2$ mm	5/5	超差、降级无分		
长度	14	(58 ± 0.15) mm	6	超差无分		
	15	(23 ± 0.105) mm	6	超差无分		
	16	20 mm	6	超差无分		
	17	5 mm	6	超差无分		
其他	18	锐边倒角 C1	2	不符无分		
	19	安全操作规程	6	违反扣 3 分/次		
总配分			100	总得分		
加工开始时间：			加工日期：		检查：	
加工结束时间：			加工时间：		评分：	

6. 知识链接

1)编程指令

进给暂停指令 G04 指令格式。

(1)FANUC 系统:

G04X____;(用带小数点的数,单位为 s)

G04U____;(用带小数点的数,单位为 s)

G04P____;(用不带小数点的数,单位为 ms)

(2)华中系统:

G04P____(用不带小数点的数,单位为 s)

2)槽的种类

(1)窄槽:宽度不大,采用刀头宽度等于槽宽的车刀,一次车出的沟槽称为窄槽。

(2)宽槽:沟槽宽度大于切槽刀头宽度的槽称为宽槽。

3)槽刀或切断刀的安装注意事项

(1)如图 9-8 所示,刀尖必须与工件轴线等高,否则不仅不能把工件切下来,而且很容易使切断刀折断。

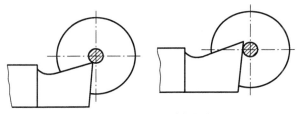

图 9-8   刀尖位置示意图

(2)切断刀和切槽刀必须与工件轴线垂直,否则车刀的副切削刃与工件两侧面会产生摩擦。

(3)切断刀的底平面必须平直,否则会引起副后角的变化,并且在切断时切刀的某一副后刀面会与工件产生强烈摩擦。

9.1 5   套类零件的加工

套类零件加工项目图纸如图 9-9 所示。

1. 实训目标

(1)掌握套类零件的编程及加工方法。

(2)掌握镗刀的对刀方法。

(3)正确使用量具测量内孔及相关尺寸。

2. 工艺分析

1)加工方案

根据零件的尺寸和毛坯尺寸 $\phi45$ mm×45 mm,确定加工方案。

加工零件时先加工零件右端,后调头,加工零件左端。

零件右端加工步骤如下。

(1)采用三爪(自定心)卡盘装夹。

(2)零件伸出卡盘 25 mm。

(3)车端面。

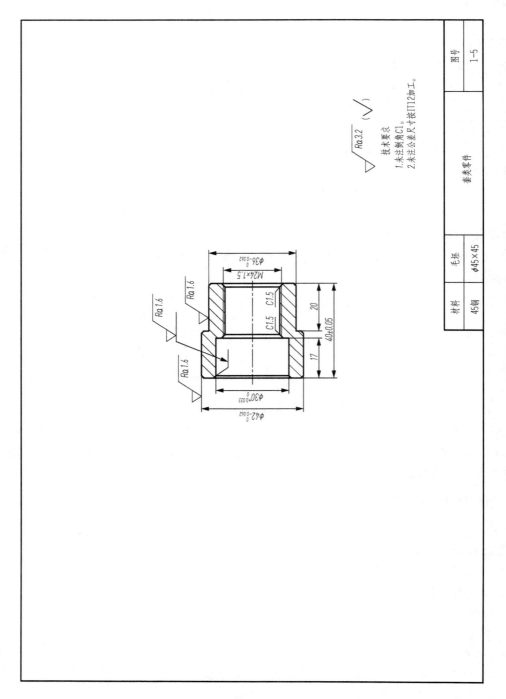

技术要求
1. 未注倒角 C1。
2. 未注公差尺寸按 IT12 加工。

材料	毛坯	套类零件	图号
45钢	φ45×45		1-5

图 9-9 套类零件加工项目图纸

(4) 钻中心孔。

(5) 用 $\phi 20$ mm 的钻头钻通孔。

(6) 粗、精加工零件右端轮廓至 $\phi 36$ mm×20 mm。

(7) 镗孔的倒角。

零件左端加工步骤如下。

(1) 调头装夹 $\phi 36$ mm 部分 (校正)。

(2) 切削端面至总长要求。

(3) 粗、精加工零件内轮廓至尺寸要求。

(4) 粗、精加工内螺纹至尺寸要求。

(5) 粗、精加工零件左端轮廓至尺寸要求。

2) 刀具卡 (表 9-17)

表 9-17　刀具卡

实训课题		项目十六	零件名称		零件图号	
序号	刀具号	刀具名称及规格	刀尖半径 R/mm	刀尖位置 T	数量/个	加工表面
(1)		中心钻			1	右端面
(2)		$\phi 18$ mm 钻头			1	钻孔
(3)	T0101	93° 右偏外圆刀	0.4	3	1	外轮廓表面
(4)	T0202	镗孔刀	0.4	2	1	倒角
(5)	T0202	镗孔刀	0.4	2	1	镗孔
(6)	T0303	60° 内螺纹车刀	0.2	0	1	车削内螺纹

3) 工序卡 (表 9-18)

表 9-18　工序卡

材料	45	零件图号		系统	FANUC oi	工序号		001
程序名		机床设备		CAK6140		夹具名称		三爪 (自定心) 卡盘
操作序号		工步内容 (走刀路线)		G 功能	T 刀具	切削用量		
						转速 S /(r/min)	进给速度 F /(mm/r)	切削深度 a_p /mm
(1)		中心钻						
(2)		钻孔						
(3)		粗车工件外轮廓 (右)						
(4)		精车工件外轮廓 (右)						
(5)		镗孔倒角						
(6)		粗车工件外轮廓 (左)						
(7)		精车工件外轮廓 (左)						
(8)		粗镗孔						
(9)		精镗孔						
(10)		车削 M24×1.5 内螺纹						

3. 注意事项

(1) 操作时间：120 min。

(2) 注意内孔的编程与外部编程的区别。

4. 实训报告(表 9-19)

表 9-19　数控车技训报告单

机床号			班级			姓名	
基点计算							
零件程序							
问题分析							
学习心得							
教师评价					指导老师:		

5. 评分标准(表 9-20)

表 9-20　考核评分表

检查项目		技术要求	配分	评分标准	检查结果	得分
外圆	1	$\phi 36_{-0.062}^{0}$ mm $Ra1.6$ mm	6/4	超差 0.02 扣 2 分、降级无分		
	2	$\phi 42_{-0.062}^{0}$ mm $Ra1.6$ mm	6/4	超差 0.02 扣 2 分、降级无分		
内孔	3	$\phi 30_{0}^{+0.033}$ mm $Ra1.6$ mm	6/4	超差 0.02 扣 2 分、降级无分		
螺纹	4	M24 mm×1.5 mm	15	不符无分		
长度	5	(40±0.05)mm	10	超差无分		
	6	17 mm	5	降级无分		
	7	20 mm	5	降级无分		
其他	8	1.5 mm×45°	2	不符无分		
	9	未注倒角 C1	8	不符无分		
	10	安全操作规程	10	违反扣 3 分/次		
	11	技训报告单	15	不正确无分		
总配分			100	总得分		
加工开始时间:				加工日期:	检查:	
加工结束时间:				加工时间:	评分:	

6. 知识链接

麻花钻是一种形状较复杂的双刃钻孔或扩孔的标准刀具。一般用于孔的粗加工(IT11 以下精度及表面粗糙度 $Ra25\sim6.3\mu m$),也可用于加工攻丝、铰孔、拉孔、镗孔、磨孔的预制孔。

1)麻花钻的构造

标准麻花钻是由以下 3 个部分组成的。

(1)装夹部分:钻头的尾部,用于与机床连接,并传递扭矩和轴向力。按麻花钻直径的大小,分为直柄(直径<12 mm)和锥柄(直径>12 mm)两种。

（2）颈部：工作部分和尾部间的过渡部分，供磨削时砂轮退刀和打印标记用。直柄钻头没有颈部。

（3）工作部分：钻头的主要部分，前端为切削部分，承担主要的切削工作，后端为导向部分，起引导钻头的作用，也是切削部分的后备部分。

2）麻花钻的结构特性

如图 9-10 所示，钻头的工作部分有两条对称的螺旋槽，是容屑和排屑的通道。导向部分有两条棱边，用以减少与加工孔壁的摩擦，棱边直径磨有 $(0.03\sim0.12):100$ 的倒锥量（即直径由切削部分顶端向尾部逐渐减小），从而形成了副偏角 k_r，如图 9-11 所示。

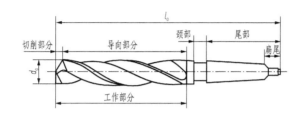

图 9-10 麻花钻的组成

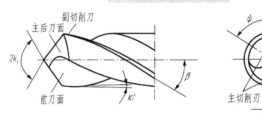

图 9-11 麻花钻导向部分结构示意

麻花钻的两个主切削刃由钻芯连接，为了增加钻头的强度和刚度，钻芯制成正锥体（锥度为 $(1.4\sim2):100$），如图 9-12 所示。

3）麻花钻的主要几何参数

（1）前刀面：螺旋槽的螺旋面。

（2）主后刀面：与工件过渡表面（孔底）相对的端部两曲面。

（3）副后刀面：与工件已加工表面（孔壁）相对的两条棱边。

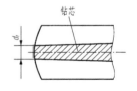

图 9-12 钻芯结构示意

（4）主切削刃：螺旋槽与主后刀面的两条交线。

（5）副切削刃：棱边与螺旋槽的两条交线。

（6）横刃：两后刀面在钻芯处的交线。

（7）基面：过主切削刀的造定点，包括钻头轴线的平面。由于切削刃上各点的切削速度方向不同，故基面也不同。

（8）切削平面：切削刃上任意一点的切削平面是沿该点切削速度方向，且相切于该点加工表面的平面。切削刃上各点的切削平面与基面在空间上互相垂直，且位置是变化的。

9.1.6 配合件的加工

配合件的加工项目图纸如图 9-13～图 9-15 所示。

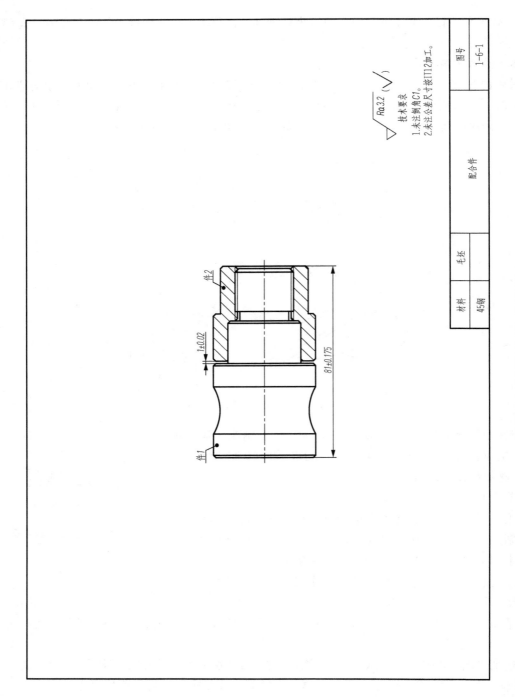

技术要求
1.未注倒角C1。
2.未注公差尺寸按IT12加工。

$\sqrt{Ra3.2}$ ($\sqrt{}$)

材料	毛坯		配合件		图号
45钢					1-6-1

件2

件1

1 ± 0.02

81 ± 0.175

图 9-13　配合件的加工项目图纸

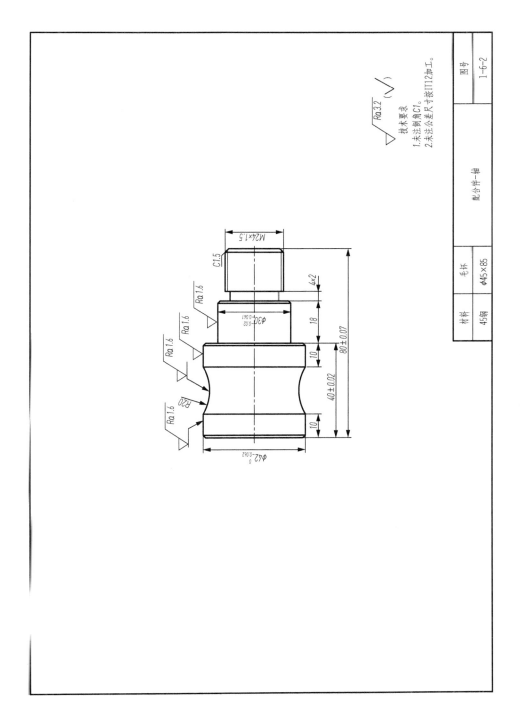

图 9-14　配合件的加工——轴项目图纸

技术要求
1.未注倒角C1。
2.未注公差尺寸按IT12加工。

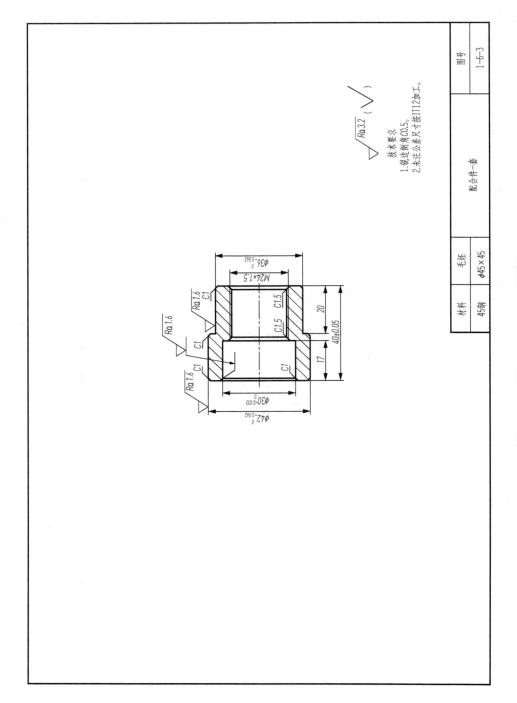

图 9-15 配合件的加工——套项目图纸

材料	毛坯	配合件-套	图号
45钢	φ45×45		1-6-3

$\sqrt{Ra\,3.2}$ ($\sqrt{\ }$)

技术要求
1. 锐边倒角C0.5。
2. 未注公差尺寸按IT12加工。

1．实训目标

(1) 掌握一般轴类零件加工程序的编制方法和加工刀具的选择。

(2) 掌握配合件的加工方法与检测方法。

2．工艺分析

1) 加工方案

根据零件的尺寸和毛坯尺寸 ϕ45 mm×85 mm、ϕ45 mm×45 mm，确定加工方案。

工件 1：先加工零件右端，后调头加工零件左端。

工件 2：先加工零件右端，后调头加工零件左端。

(1) 工件 1 的加工方案。

零件右端加工步骤如下。

① 采用三爪(自定心)卡盘装夹。

② 零件伸出卡盘 60 mm。

③ 车端面。

④ 粗、精加工零件左端轮廓至 ϕ42 mm×50 mm。

⑤ 切槽 4 mm×2 mm 至尺寸要求。

⑥ 粗、精加工螺纹至尺寸要求。

零件左端加工步骤如下。

① 调头装夹ϕ30 mm 部分(校正)。

② 切削端面保证总长。

③ 粗、精加工零件右端轮廓至尺寸要求。

(2) 工件 2 的加工方案。

零件右端加工步骤如下。

① 采用三爪(自定心)卡盘装夹。

② 零件伸出卡盘 25 mm。

③ 车端面。

④ 钻中心孔。

⑤ 用ϕ20 mm 的钻头钻通孔。

⑥ 粗、精加工零件右端轮廓至ϕ36 mm×20mm。

⑦ 镗孔的倒角。

零件左端加工步骤如下。

① 调头装夹ϕ36 mm 部分(校正)。

② 切削端面至总长要求。

③ 粗、精加工零件内轮廓至尺寸要求。

④ 粗、精加工内螺纹至尺寸要求。

⑤ 粗、精加工零件左端轮廓至尺寸要求。

2)件1刀具卡(表9-21)

表9-21　件1刀具卡

实训课题		项目二十四	零件名称		零件图号	
序号	刀具号	刀具名称及规格	刀尖半径 R/mm	刀尖位置 T	数量/个	加工表面
(1)	T0101	93°右偏外圆刀	0.4	3	1	外轮廓表面
(2)	T0202	车槽刀	B=4 mm		1	车退刀槽
(3)	T0303	60°外螺纹车刀	0.2	0	1	车削外螺纹
(4)	T0404	93°右偏外圆刀	0.4	3	1	外轮廓表面

3)件1工序卡(表9-22)

表9-22　件1工序卡

材料	45	零件图号		系统	FANUC oi	工序号	001
程序名		机床设备	CAK6140	夹具名称		三爪(自定心)卡盘	
操作序号	工步内容(走刀路线)		G 功能	T 刀具	切削用量		
					转速 S /(r/min)	进给速度 F /(mm/r)	切削深度 a_p /mm
(1)	粗车工件外轮廓(右)						
(2)	精车工件外轮廓(右)						
(3)	粗车工件外轮廓(右)						
(4)	精车工件外轮廓(右)						
(5)	切削 4 mm×2 mm 退刀槽						
(6)	车削 M24 mm×1.5 mm 螺纹						

4)件2刀具卡(表9-23)

表9-23　件2刀具卡

实训课题		项目二十四	零件名称		零件图号	
序号	刀具号	刀具名称及规格	刀尖半径 R/mm	刀尖位置 T	数量/个	加工表面
(1)		中心钻			1	右端面
(2)		φ18 mm 钻头			1	钻孔
(3)	T0101	93°右偏外圆刀	0.4	3	1	外轮廓表面
(4)	T0202	镗孔刀	0.4	2	1	倒角
(5)	T0202	镗孔刀	0.4	2	1	镗孔
(6)	T0303	60°内螺纹车刀	0.2	0	1	车削内螺纹

5)件2工序卡(表9-24)

表9-24　件2工序卡

材料	45	零件图号		系统	FANUC oi	工序号	001
程序名		机床设备	CAK6140	夹具名称		三爪(自定心)卡盘	
操作序号	工步内容(走刀路线)		G 功能	T 刀具	切削用量		
					转速 S /(r/min)	进给速度 F /(mm/r)	切削深度 a_p /mm
(1)	中心钻						
(2)	钻孔						
(3)	粗车工件外轮廓(右)						
(4)	精车工件外轮廓(右)						

材料	45	零件图号		系统	FANUC oi	工序号	001
程序名		机床设备	CAK6140	夹具名称	三爪(自定心)卡盘		
操作序号	工步内容 (走刀路线)		G 功能	T 刀具	切削用量		
					转速 S /(r/min)	进给速度 F /(mm/r)	切削深度 a_p /mm
⑤	镗孔倒角						
⑥	粗车工件外轮廓(左)						
⑦	精车工件外轮廓(左)						
⑧	粗镗孔						
⑨	精镗孔						
⑩	车削 M24 mm×1.5 mm 内螺纹						

3. 注意事项

(1) 操作时间：240 min。

(2) 二次装夹时，不能损伤零件已加工表面。

(3) 装夹内、外螺纹车刀时，用三角螺纹样板对螺纹刀。

4. 实训报告（表 9-25）

表 9-25　数控车技训报告单

机床号		班级		姓名	
基点计算					
零件程序					
问题分析					
学习心得					
教师评价					
			指导老师：		

5. 评分标准(表 9-26)

表 9-26　考核评分表

检查项目			技术要求	配分	评分标准	检查结果	得分
件 1	外圆	1	$\phi 42^{0}_{-0.062}$ mm $Ra1.6$ mm	4/1	超差 0.01 扣 2 分、降级无分		
		2	$\phi 30^{-0.020}_{-0.041}$ mm $Ra1.6$ mm	4/1	超差 0.01 扣 2 分、降级无分		
	沟槽	3	4 mm×2 mm	2			
	螺纹	4	M24 mm×1.5 mm	5	降级无分		
	长度	5	(40±0.02)mm	4	超差无分		
		6	18 mm	2	降级无分		
		7	10 mm	2	降级无分		
	圆弧	8	$R20$ mm $Ra1.6$ mm	4/1	不符无分、降级无分		
	倒角	9	$C1$ $C1.5$	1			
件 2	外圆	10	$\phi 42^{0}_{-0.062}$ mm $Ra1.6$ mm	4/1	超差 0.01 扣 2 分、降级无分		
		11	$\phi 36^{0}_{-0.062}$ mm $Ra1.6$ mm	4/1	超差 0.01 扣 2 分、降级无分		
	内孔	12	$\phi 30^{+0.033}_{0}$ mm $Ra1.6$ mm	4/1	超差 0.01 扣 2 分、降级无分		
	螺纹	13	M24 mm×1.5 mm	5	降级无分		
	长度	14	(80±0.07)mm	4	超差无分		
		15	20 mm	2	降级无分		
	倒角	16	$C1$ $C1.5$	2	不符无分		
配合		17	螺纹配合	10	不符无分		
		18	(1±0.02)mm	10	超差 0.01 扣 5 分		
		19	(81±0.07)mm	10	超差 0.01 扣 5 分		
其他		20	锐边倒角	1	不符无分		
		21	安全操作规程	10	违反扣总分 10 分/次		
总配分				100	总得分		
加工开始时间：				加工日期：		检查：	
加工结束时间：				加工时间：		评分：	

6. 知识链接

塞尺的种类非常多，下面简单介绍常用的塞尺——单片塞尺和数字显示楔形塞尺。

1)概述

单片塞尺是由一组具有不同厚度级差的薄钢片组成的量规(图 9-16)。塞尺用于测量间隙尺寸。在检验被测尺寸是否合格时，可以用通止法判断，也可由检验者根据塞尺与被测表面配合的松紧程度来判断。塞尺一般用不锈钢制造，最薄的为 0.02 mm，最厚的为 3 mm。0.02~0.1 mm 范围内，各钢片厚度级差为 0.01 mm；0.1~1 mm 范围内，各钢片的厚度级差一般为 0.05 mm；自 1 mm 以上，钢片的厚度级差为 1 mm。

2) 定义

塞尺又称测微片或厚薄规,是用于检验间隙的测量器具之一。其横截面为直角三角形,在斜边上有刻度,利用锐角正弦直接将短边的长度表示在斜边上,这样就可以直接读出缝的大小了。

使用塞尺前必须先清除塞尺和工件上的污垢与灰尘。使用时可用一片或数片重叠插入间隙,以稍感拖滞为宜。测量时动作要轻,不允许硬插,也不允许测量温度较高的零件。

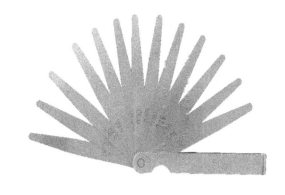

图 9-16　单片塞尺

3) 使用方法

(1) 用干净的布将塞尺测量表面擦拭干净,不能在塞尺沾有油污或金属屑末的情况下进行测量,否则将影响测量结果的准确性。

(2) 将塞尺插入被测间隙中,来回拉动塞尺,感到稍有阻力,说明该间隙值接近塞尺上所标出的数值。如果拉动时阻力过大或过小,则说明该间隙值小于或大于塞尺上所标出的数值。

(3) 进行间隙的测量和调整时,先选择符合间隙规定的塞尺插入被测间隙中,然后一边调整,一边拉动塞尺,直到感觉稍有阻力时拧紧锁紧螺母,此时塞尺所标出的数值即为被测间隙值。

4) 使用注意事项

(1) 使用塞尺前须确认是否经校验及是否在校验有效期内。

(2) 不允许在测量过程中剧烈弯折塞尺,或用较大的力硬将塞尺插入被检测间隙,否则将损坏塞尺的测量表面或零件表面的精度。

(3) 根据结合面的间隙情况选用塞尺片数,片数越少越好。

(4) 不能测量温度较高的工件。

(5) 用塞尺时必须注意正确的方法(测间隙必须垂直于被测面,测断差必须将塞尺放平)。

(6) 读数时,按塞尺片上所标数值直接读数即可。

(7) 塞尺必须定期保养。

(8) 使用完后,应将塞尺擦拭干净,并涂上一薄层工业凡士林,然后将塞尺折回夹框内,以防锈蚀、弯曲、变形而损坏。

(9) 塞尺不用时必须放入盒子保护,以防生锈变色而影响使用。

(10) 存放时,不能将塞尺放在重物下,以免损坏塞尺。

9.2　数控铣床典型零件加工

9.2.1　平面的铣削加工

1. 平面的铣削加工零件图

平面的铣削加工零件图如图 9-17 所示。

2. 平面的铣削加工零件的毛坯图

平面的铣削加工零件的毛坯图如图 9-18 所示。

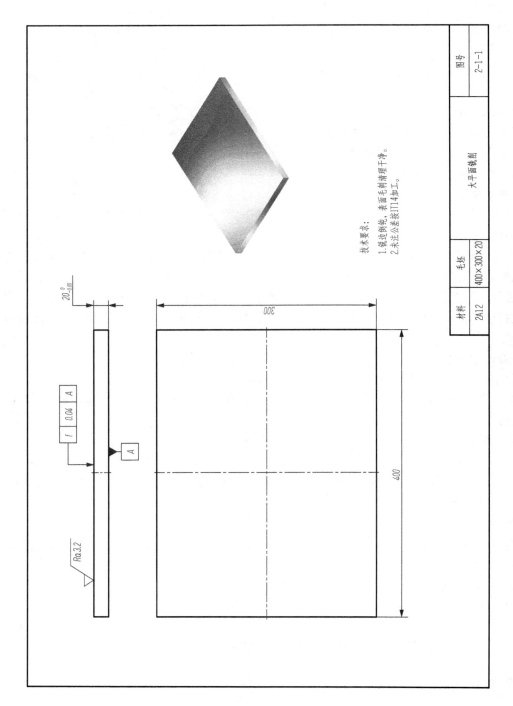

技术要求:
1.锐边倒钝，表面毛刺清理干净。
2.未注公差按IT14加工。

材料	毛坯	大平面铣削	图号
2A12	400×300×20		2-1-1

图 9-17 平面的铣削加工零件图

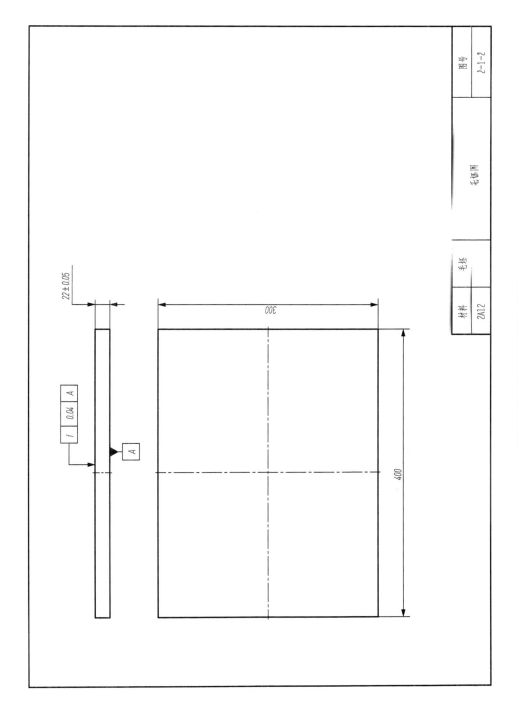

图 9-18　平面的铣削加工零件毛坯图

3．实训目标

(1)掌握(大)平面轮廓的加工工艺。

(2)学会正确选用大平面的加工刀具及合理的切削用量。

(3)掌握粗、精行切大平面的走刀路线安排，充分理解粗、精加工的区别。

4．工艺分析

1)加工方案

(1)装夹：本例需以工件两个长侧面定位，装在虎钳上并用标准垫块垫起，露出钳口 5mm，用百分表打表找正。

(2)加工路线根据"基面先行，先粗后精"的原则，用尽量少的切除量先加工基面 A，先粗铣后精铣，从右下角开始，头尾双向加工，粗、精加工采用一把 $\phi63$ 的面铣刀并采用图 9-19 所示的加工路线。

(3)然后以 A 面为基准粗、精加工上表面，粗加工采用 $\phi63$ 的面铣刀走图 9-19 所示路线，为精加工留下 0.5mm 的加工余量，精铣路线采取单向进刀加工，如图 9-20 所示。

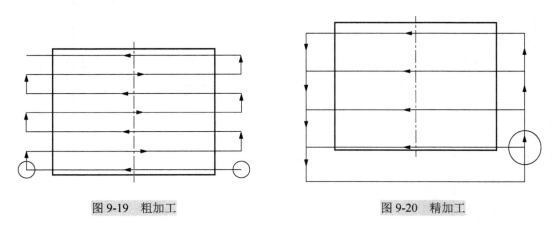

图 9-19　粗加工　　　　　　　　　　　　图 9-20　精加工

2)工、量、刃具清单(表 9-27)

表 9-27　工、量、刃具清单

序号	名称	规格	精度	单位	数量
1	游标卡尺	0-150	0.02	把	1
2	游标深度尺	0-200	0.02	把	1
3	杠杆百分表	0-0.8	0.01	套	1
4	粗糙度样板	N0-N1	12 级	副	1
5	平行垫板			副	若干
6	塑胶榔头			个	1
7	防护眼镜			副	1
8	面铣刀	$\phi63$		把	1
9	面铣刀	$\phi125$		把	1

3)刀具与参考切削用量表(表 9-28)

表 9-28　刀具与参考切削用量表

刀具号	刀具规格	工序内容	f/(mm/min)	a_p/mm	n/(r/min)
T01	可转位硬质合金面铣刀直径ϕ63	粗铣	60	2	100
T02	可转位硬质合金面铣刀直径ϕ125	精铣	80	0.5	150

5. 注意事项

(1)加工时间：120min。

(2)一定要注意安全。要戴好防护眼镜，按照要求着装，在按下循环启动键之前，要检查刀具和工件是否夹牢，是否已经正确对刀，程序是否正确等。

(3)一定要注意图样上标注尺寸与编程时刀具轨迹之间还有一个刀具半径差，否则会发生碰撞。

(4)行切编程方面：切削过程中，粗加工时为提高工作效率，采取双向工作进给；精加工时为提高零件的表面质量，采取单向工作进给。

另外，垫块的位置要合适，虎钳夹紧力大小要恰当，避免工件在加工过程中弯曲。

6. 实训报告(表 9-29)

表 9-29　数控铣削技训报告单

机床号		班级		姓名	
编程点计算					
零件程序					
问题分析					
学习心得					
教师评价					
			指导老师：		

7．评分标准(表 9-30)

表 9-30　考核评分表

检测项目		技术要求	配分	评分标准	实测结果	得分
长度	1	400(IT14)，*Ra*6.3	5/4	超差 0.01 扣 1 分，降级无分		
	2	400(IT14)，*Ra*6.3	5/4	超差 0.01 扣 1 分，降级无分		
宽度	3	400(IT14)，*Ra*6.3	5/4	超差 0.01 扣 1 分，降级无分		
	4	400(IT14)，*Ra*6.3	5/4	超差 0.01 扣 1 分，降级无分		
厚度	5	20-0.01，*Ra*3.2	8/8	超差 0.01 扣 2 分，降级无分		
	6	平行度 0.04	8	降级无分		
其他		安全操作规程	10	违反扣 1-10 分		
		编程	30			
总配分			100	总得分		
零件名称			加工时间			
加工开始时间			停工时间		实际加工时间	
加工结束时间			停工原因			
班级			学生姓名		检测教师	

8．知识链接

1)行切与行距

(1)行切。

行切是指每次走刀的路径都相互平行的加工方式、包括往复行切与单方向行切及直线行切与曲线行切。

(2)行距。

行距是指刀具相邻两次走刀中心线之间的最短距离。

2)顺铣与逆铣

(1)顺铣。

顺铣是指铣刀的切削速度方向与工件的进给方向相同时的铣削，如图 9-21 所示。

顺铣时，每个刀的切削厚度都是由大到小逐渐变化的。当刀齿刚与工件接触时，切削厚度为零，只有当刀齿在前一刀齿留下的切削表面上滑过一段距离，切削厚度达到一定数值后，刀齿才真正开始切削。

当工件表面无硬皮、机床进给机构无间隙时，应该选择顺铣加工方式，因为采用顺铣，零件加工表面质量好，刀齿磨损小。

(2)逆铣。

逆铣是指铣刀的切削速度方向与工件的进给运动方向相反时的铣削，如图 9-22 所示。

逆铣使得切削厚度是由小到大逐渐变化的，刀齿在切削表面上的滑动距离也很小。当工件表面有硬皮、机床进给机构有间隙时，应选择逆铣加工方式，因为逆铣时，刀齿是从已加工表面切入，不会崩刃，机床进给机构的间隙不会引起振动和爬行。

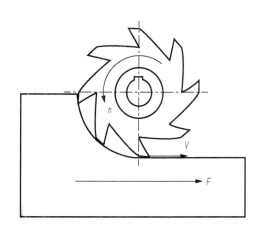

图 9-21　顺铣

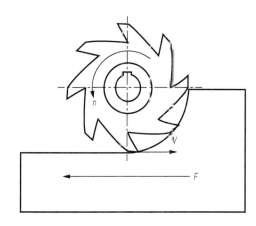

图 9-22　逆铣

总之，顺铣时刀齿在工件上走过的路程也比逆铣短。因此，在相同的切削条件下，采用逆铣时，刀具易磨损。逆铣时，由于铣刀作用在工件上的水平切削力方向与工件进给运动方向相反，所以工作台丝杆与螺母能始终保持螺纹的一个侧面紧密贴合。而顺铣时则不然，由于水平铣削力的方向与工件进给运动方向一致，当刀齿对工件的作用力较大时，由于工作台丝杆与螺母间间隙的存在，工作台会产生窜动，这样不仅破坏了切削过程的平稳性，影响工件的加工质量，而且严重时会损坏刀具。逆铣时，由于刀齿与工件间的摩擦较大，因此已加工表面的冷硬现象较严重。顺铣时，刀齿每次都是从工件表面开始切削，所以不宜用来加工有硬皮的工件。

3) 粗加工与精加工

(1) 粗加工。

粗加工是指快速去除零件余量的工艺。粗加工主要考虑加工效率，一般主轴转速比较高而且刀具进给比较快，同时行距比较大而且切削深度也比较深，以便在较短的时间内切除尽可能多的切屑，所以会产生大量的切削热，从而要选用以冷却为主的切削液。粗加工对表面质量的要求不高。

粗加工一般采用逆铣(平面加工采用往复行切)。

(2) 精加工。

精加工是指去除零件精加工余量(0.2~0.5)而保证零件精度和表面粗糙度的工艺。精加工主要考虑加工精度，所以要尽量减小刀具与工件加工表面之间的摩擦与磨损及加工振动，因而一般主轴转速比较高而刀具进给比较慢，同时行距比较小而且切削深度也比较浅(0.2~0.5)。从而精加工时通常要选用以润滑清洗为主的切削液。

精加工一般采用顺铣(平面加工采用单方向切削)。

9.2.2　外轮廓的铣削加工

1. 外轮廓的铣削加工零件图

外轮廓的铣削加工零件图如图 9-23 所示。

2. 外轮廓的铣削加工零件毛坯图

外轮廓铣削加工零件的毛坯图如图 9-24 所示。

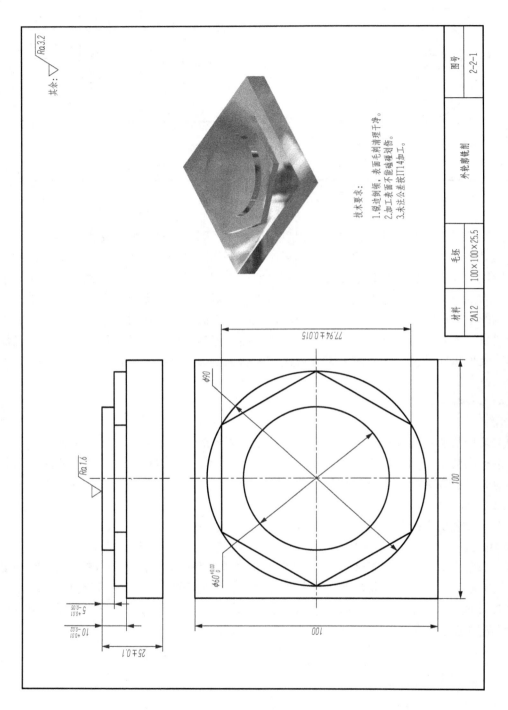

图 9-23 外轮廓的铣削加工零件图

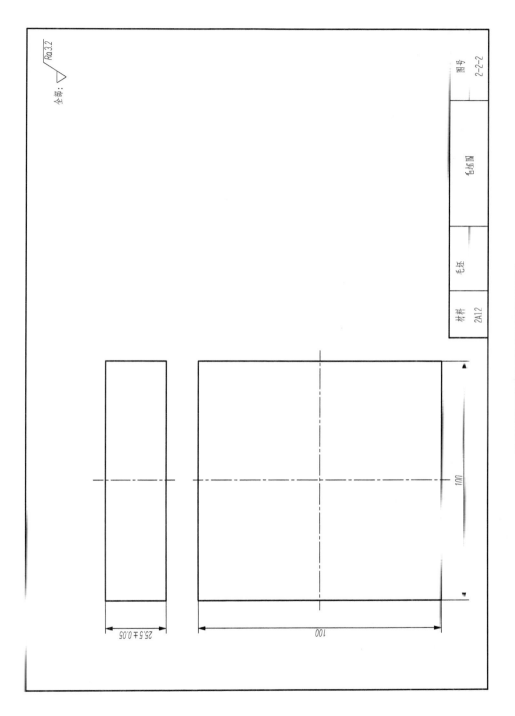

图 9-24　外轮廓铣削加工零件毛坯图

3. 实训目标

(1) 根据工艺要求掌握外轮廓的加工方案。

(2) 掌握加工外轮廓的刀具及切削用量的选择。

(3) 掌握外轮廓精加工编程方法，正确使用刀具半径补偿。

(4) 掌握使用刀具半径补偿功能保证尺寸精度的方法。

(5) 练习掌握极坐标编程方法。

4. 工艺分析

1) 加工方案

(1) 装夹：本例需以工件两个侧面定位，装在虎钳上并用标准垫块垫起，露出钳口 15mm，用百分表打表找正。

(2) 使用 $\phi63$ 的切铝专用面铣刀粗加工上表面，给精加工留下 0.2mm 左右的余量。

(3) 测量零件厚度后，确定下刀深度，使用同一把面铣刀在确定加工参数后进行精加工，保证厚度 25 的精度和上表面的粗糙度 Ra1.6。

(4) 用 $\phi20$ 的超硬高速钢二刃立铣刀粗加工六边形外轮廓，给精加工留 0.2mm 的余量。

(5) $\phi20$ 的超硬高速钢二刃立铣刀粗加工圆形外轮廓，给精加工留 0.2mm 的余量。

(6) 换 $\phi20$ 的超硬高速钢三刃新立铣刀精加工六边形外轮廓及对应底面，保证尺寸 10 和 77.9 的精度及相应的表面粗糙度。

(7) 用同一把 $\phi20$ 的超硬高速钢三刃立铣刀精加工圆形外轮廓及对应底面，保证尺寸 5 和 60 的精度及相应的表面粗糙度。

2) 工、量、刃具清单(表 9-31)

表 9-31　工、量、刃具清单

序号	名称	规格	精度	单位	数量
1	游标卡尺	0-150	0.02	把	1
2	游标深度尺	0-150	0.02	把	1
3	杠杆百分表	0-0.8	0.01	套	1
4	深度百分尺	0-25	0.01	把	1
5	粗糙度样板	N0-N1	12 级	副	1
6	平行垫铁			副	若干
7	塑胶榔头			个	1
8	防护眼镜			副	1
9	面铣刀	$\phi63$		把	1
10	二刃 HSS 平底立铣刀	$\phi20$		把	1
11	三刃 HSS 平底立铣刀	$\phi20$		把	1

3) 刀具与参考切削用量表(表 9-32)

表 9-32　刀具与参考切削用量表

刀具号	刀具规格	工序内容	f/(mm/min)	a_p/mm	n/(r/min)
T01	可转位切铝专用面铣刀 $\Phi63$	粗铣/精铣	100/150	0.3/0.2	300/500
T02	二刃 HSS 平底立铣刀 $\Phi20$	粗铣	80/120	10/5	600
T03	三刃 HSS 平底立铣刀 $\Phi20$	精铣	150	0.2	800

5. 注意事项

(1)加工时间：180min。

(2)一定要注意安全。要戴好防护眼镜，按照要求着装，在按下循环启动键之前，要检查刀具和工件是否夹牢，是否已经正确对刀，程序是否正确等。

(3)为保证零件表面粗糙度，在最后精加工时要采用顺铣编程。

(4)为防止加工轮廓时划伤已加工好的工件表面，建议加工轮廓时比编程深度提高0.02mm。

另外，垫块的位置高度要合适，虎钳夹紧力大小要恰当，避免工件在加工过程中弯曲。

6. 实训报告(表 9-33)

表 9-33　数控铣削技训报告单

机床号		班级		姓名	
编程点计算					
零件程序					
问题分析					
学习心得					
教师评价					
				指导老师：	

7. 评分标准(表 9-34)

表 9-34　考核评分表

检测项目		技术要求	配分	评分标准	实测结果	得分
六边形	1	77.9 ± 0.015, $Ra3.2$	5/4	超差 0.01 扣 1 分，降级无分		
	2	77.9 ± 0.015, $Ra3.2$	5/4	超差 0.01 扣 1 分，降级无分		
	3	77.9 ± 0.015, $Ra3.2$	5/4	超差 0.01 扣 1 分，降级无分		
圆台	4	$60^{0}_{-0.03}$, $Ra1.6$	5/5	超差 0.01 扣 1 分，降级无分		
厚度	5	25 ± 0.1	5	超差 0.01 扣 1 分，降级无分		
	6	$5^{+0.01}_{-0.02}$, $Ra3.2$	5/4	超差 0.01 扣 2 分，降级无分		
	7	$10^{-0.01}_{-0.02}$, $Ra3.2$	5/4	降级无分		
其他	1	安全生产	10	违反规定扣 1-10 分		
	2	编程	30			
总 配 分			100	总　分		
零件名称			加工时间			
加工开始时间			停工时间		实际加工时间	
加工结束时间			停工原因			

8．知识链接

1) 编程指令

当工件的轮廓尺寸是以半径和角度来标注时，要用数学方法来计算其坐标点的值，这时可使用另一种坐标点指定方式，即极坐标系，通过指定 G16 极坐标编程指令，可直接以半径和角度的方式指定编程。

（1）极坐标编程指令及格式。

G16（极坐标系生效指令）

G15（极坐标系取消指令）

注意：G16 指令生效后，路径程序中的 X 值是指编程点的极半径，Y 值指极角。

（2）极点坐标系的原点和平面。

与直角坐标系中一样，极坐标原点也有绝对和增量两种指定方式，G90 绝对值编程方式是以工件坐标系的原点为极点，所有目标点位置的极半径是指目标点到编程原点的距离，角度值是指目标点与编程原点的连线与+X 轴的夹角。

选择合适的平面对正确使用极坐标编程方式坐标指定非常关键，极坐标方式编程时必须指定所在平面，甚至默认的 G17 平面也要指定。

2) 比较检测法测量表面粗糙度

比较检测法是指将被测表面与表面粗糙度样板（图 9-25）相比较，来判断工件表面粗糙度是否合格的检验方法。

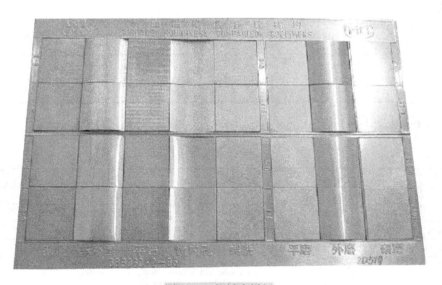

图 9-25　粗糙度样板

测量步骤：

（1）根据被测对象选择样板。

（2）比较检测法检测零件表面质量。

通过视觉比较和触觉比较进行表面质量评定。

3）平面加工的常用加工方式

（1）双向横坐标平行法。该方法为刀具沿平行于横坐标方向加工，并且可以变换方向，如图 9-26（a）所示。

（2）单向横坐标平行法。该方法为刀具仅沿一个方向平行于横坐标加工，如图 9-26（b）所示。

（3）单向纵坐标平行法。该方法为刀具仅沿一个方向平行于纵坐标加工，如图 9-26（c）所示。

（4）双向纵坐标平行法。该方法为刀具沿平行于纵坐标方向加工，并且可以变换方向，如图 9-26（d）所示。

（5）内向环切法。该方法为刀具以矩形轨迹分别平行于纵坐标、横坐标由外向内加工，并且可以变换方向，如图 9-26（e）所示。

（6）外向环切法。该方法为刀具以矩形轨迹分别平行于纵坐标、横坐标由内向外加工，并且可以变换方向，如图 9-26（f）所示。

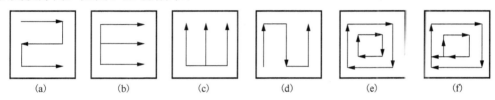

<table>
<tr><td>(a)</td><td>(b)</td><td>(c)</td><td>(d)</td><td>(e)</td><td>(f)</td></tr>
</table>

图 9-26　平面加工的常用方法

9.2.3　内轮廓的铣削加工

1．内轮廓的铣削加工零件图（图 9-27）

2．内轮廓的铣削加工零件毛坯图（图 9-28）

3．实训目标

（1）掌握内轮廓的基本加工工艺。

（2）掌握内轮廓精加工编程方法。

4．工艺分析

1）加工方案

（1）装夹：本例加工内轮廓时，用两块标准垫块垫在工件下表面，使用机用虎钳夹持工件侧面，并用百分表打表找正。注意垫起位置在零件轮廓的外侧，要防止在加工过程中妨碍刀具切削（也可用压板装夹固定）。

（2）先钻削工艺孔在距毛坯右边 30mm、顶边 50mm 处，采用 $\phi10$ 的麻花钻加工一个预制工艺孔。

（3）进行粗加工轮廓粗加工走刀路线，利用 $\phi10$ 三刃高速钢立铣刀从预制孔处利用 $R20$ 的圆弧软切入，逆铣。对轮廓沿顺时针加工，从切入点软切出，Z 方向分两次进刀执行轮廓加工程序，一次下刀 5mm，同时保证内轮廓精加工余量为 0.2 mm。

（4）最后半精、精加工轮廓，精加工走刀路线，利用同一把刀从距毛坯右边 30mm；底边 30mm 处利用 $R20$ 的圆弧软切入，顺铣，对轮廓沿逆时针加工，从切入点软切出。

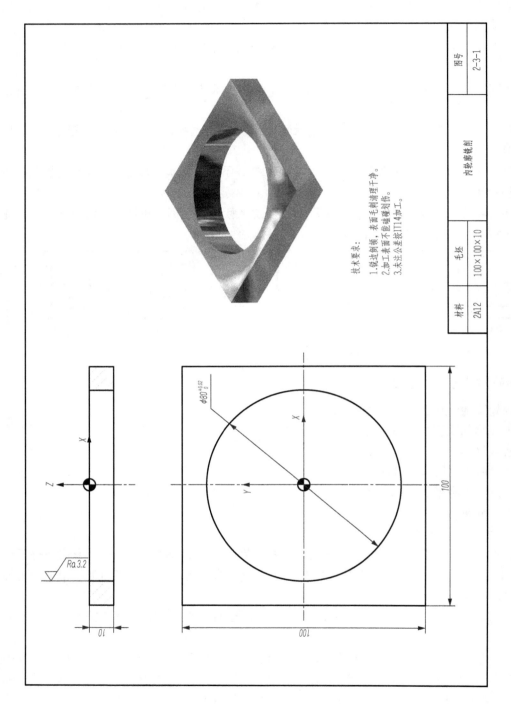

技术要求：

1.锐边倒顿，表面毛刺清理干净。
2.加工表面不能碰磕划伤。
3.未注公差按IT14加工。

材料	毛坯	内轮廓铣削	图号
2A12	100×100×10		2-3-1

图 9-27　内轮廓的铣削加工零件图

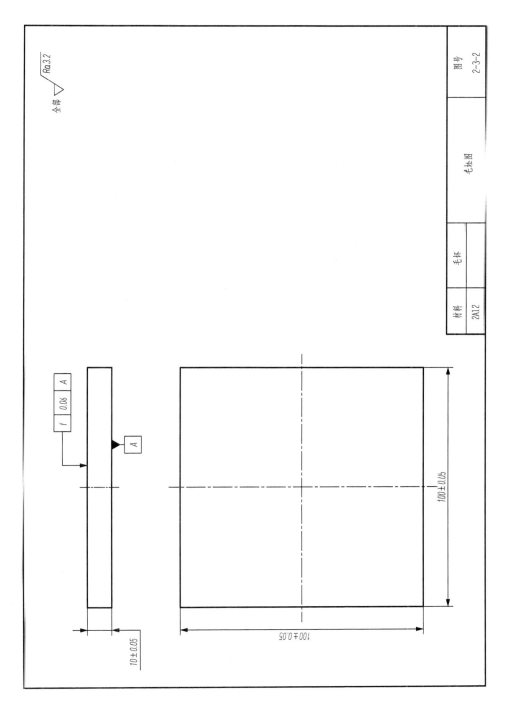

图 9-28 内轮廓的铣削加工零件毛坯图

2) 工、量、刃具清单(表 9-35)

表 9-35　工、量、刃具清单

序号	名称	规格	精度	单位	数量
1	内径百分表	50-100	0.01	套	1
2	游标深度尺	0-200	0.02	把	1
3	杠杆百分表	0-0.8	0.01	套	1
4	粗糙度样板	N0-N1	12 级	副	1
5	平行垫铁			副	若干
6	寻边器			个	1
7	塑胶榔头			个	1
8	铜皮	0.2		块	2
9	压板			套	4
10	高速钢三刃平底立铣刀	$\phi 10$		把	1
11	麻花钻	$\phi 10$		把	1
12	机用虎钳	QH160		个	1

3) 刀具与参考切削用量表(表 9-36)

表 9-36　刀具与参考切削用量表

刀具号	刀具规格	工序内容	f/(mm/min)	a_p/mm	n/(r/min)
T01	$\phi 10$ 的麻花钻	钻削工艺孔	50		600
T02	直径 $\phi 10$ 的高速钢三刃立铣刀	粗铣/精铣	100/150	5/10	800/1200

5. 注意事项

(1)加工时间：120min。

(2)一定要注意安全。要戴好防护眼镜，按照要求着装，在按下循环启动键之前，要检查刀具和工件是否夹牢、是否已经正确对刀、程序是否正确等。

(3)使用刀具半径补偿时应避免过切现象。

使用刀具半径补偿和去除刀具半径补偿时，刀具必须在所补偿的平面内移动，且移动距离应大于刀具半径补偿值；加工半径小于刀具半径的内圆弧时，进行半径补偿将产生过切，只有过渡圆角半径大于等于刀具半径与精加工余量总和的情况下才能正常切削；被铣削槽底小于刀具半径时将产生过切。

(4)在通常情况下铣刀不用来直接铣孔，防止刀具崩刃。

对于没有型腔的内轮廓加工，不可以用铣刀直接向下铣削，在没有特殊要求的情况下一般先加工预制工艺孔，让铣刀顺利地从预制工艺孔处下刀开始铣削。

(5)要注意刀具半径的影响。在 X、Y 向对刀时要根据具体情况加上或减去对刀使用的刀具半径。

6．实训报告（表 9-37）

表 9-37　数控铣削技训报告单

机床号			班级		姓名	
编程点计算						
零件程序						
问题分析						
学习心得						
教师评价						
				指导老师：		

7．评分标准（表 9-38）

表 9-38　考核评分表

检测项目		技术要求	配分	评分标准	实测结果	得分
内孔	1	$\phi80^{+0.02}_{0}$，$Ra6.3$	40/20	超差 0.01 扣 20 分，降级无分		
其他		安全操作规程	10	违反扣 1～10 分		
		编程	30			
总配分			100	总得分		
零件名称			加工时间			
加工开始时间			停工时间		实际加工时间	
加工结束时间			停工原因			
班级			学生姓名		检测教师	

8．知识链接

1）轮廓加工路线的确定

铣刀在铣削轮廓表面时一般采用立铣刀侧面刃口进行切削。对于二维轮廓加工，通常采用的加工路线如下。

(1)从起刀点下刀到下刀点。

(2)沿切向切入工件(以免产生接刀痕)。

(3)轮廓切削。

(4)沿切向切出工件(以免产生接刀痕)。

(5)刀具向上抬刀，退离工件。

(6)返回起刀点。

2）三刃立铣刀加工内轮廓的下刀方法

当用三刃立铣刀加工内轮廓时，不能直接垂直切入毛坯的材料内部，通常利用钻头提前钻制工艺孔，然后才可以下刀。

注意：型腔开始切削的方法主要有以下三种方法。

(1)预钻削起始孔。不推荐这种方法：这需要增加一种刀具，从切削的观点看，刀具通过预钻削孔时因切削力而产生不利的振动。当使用预钻削孔时，常常会导致刀具损坏。

(2)最佳的方法之一是使用 X、Y 和 Z 方向的线性坡走切削，以达到全部轴向深度的切削。

(3)可以以螺旋形式进行圆插补铣削。这是一种非常好的方法，因为它可产生光滑平稳的切削作用，而只要求很小的开始空间。

9.2.4　孔的(钻、铰、攻)铣削加工

1．孔的(钻、铰、攻)铣削加工零件图(图9-29)
2．孔的(钻、铰、攻)铣削加工零件毛坯图(图9-30)
3．实训目标

(1)掌握钻孔的加工工艺。

(2)学会正确选用钻孔的刀具、夹具，合理选择切削用量。

(3)掌握孔的铰削加工方法。

(4)掌握攻螺纹加工的方法与注意事项。

(5)熟悉运用孔加工固定循环指令编程。

4．工艺分析

1）加工方案

(1)装夹：采用机用虎钳装夹的方法，底部用标准垫块垫起，露出钳口 10mm，并用百分表打表找正。

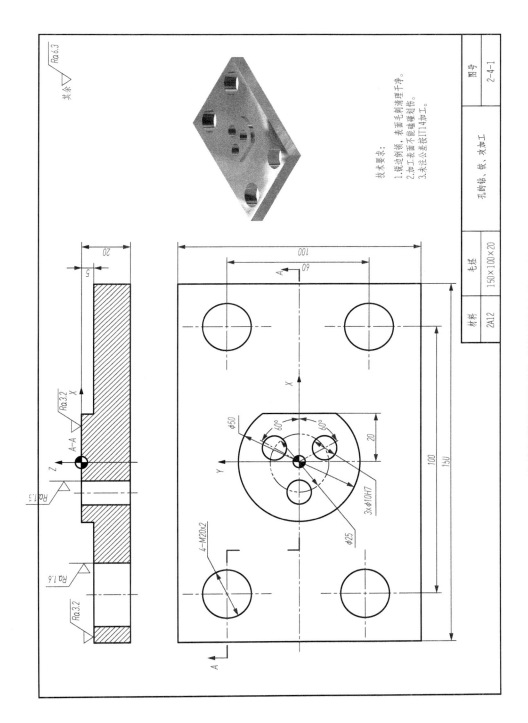

图 9-29　孔的（钻、铰、攻）铣削加工零件图

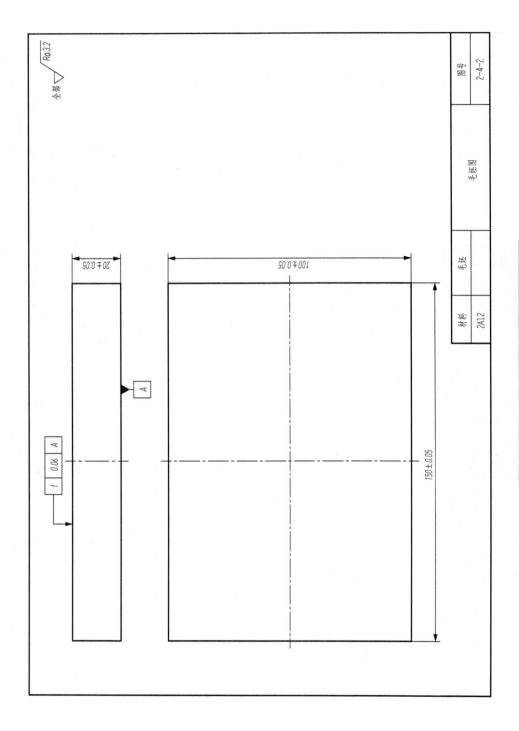

图 9-30　孔的（钻、铰、攻）铣削加工零件毛坯图

（2）用 $\phi20$ 的三刃超硬高速钢立铣刀粗、精铣削高为 5mm 的圆凸台及对立底面，其效果如图 9-31 所示。

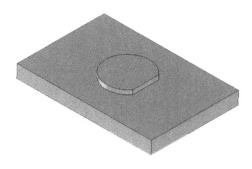

图 9-31　效果图

（3）用 A4 的中心钻为右下角 M20 螺纹的中心孔，然后按逆时针顺序依次钻削其余 3 个。然后为右下角 $\phi10$ 的孔打中心孔，然后按逆时针顺序依次钻削其余 2 个。

（4）用 $\phi6$ 的钻头钻右下角 $\phi10$ 的孔，然后按逆时针顺序依次钻削其余 2 个。然后用 $\phi9.8$ 的钻头扩钻右下角 $\phi10$ 的孔，然后按逆时针顺序依次钻削其余 2 个。最后用 $\phi10$ 的铰刀铰右下角 $\phi10$ 的孔，然后按逆时针顺序依次钻削。

（5）用 $\phi12$ 的钻头钻削右下角 M20 的孔，然后按逆时针顺序依次钻削其余 3 个。然后用 $\phi18$ 的钻头扩钻削右下角 M20 的孔，然后按逆时针顺序依次钻削其余 3 个。最后用 M20 的丝锥攻削右下角 M20 的孔，然后按逆时针顺序依次钻削其余 3 个。

2）工、量、刃具清单（表 9-39）

表 9-39　工、量、刃具清单

序号	名称	规格	精度	单位	数量
1	游标卡尺	0-150	0.02	把	1
2	游标深度尺	0-150	0.02	把	1
3	杠杆百分表	0-0.8	0.01	套	1
4	深度百分尺	0-25	0.01	把	1
5	粗糙度样板	N0-N1	12 级	副	1
6	平行垫铁			副	若干
7	塑胶榔头			个	1
8	寻边器	机械		把	1
9	铜皮	0.2		块	2
10	防护眼镜			副	1
11	三刃超硬高速钢立铣刀	$\phi20$		把	1
12	中心钻	A4		把	1
13	麻花钻	$\phi6$、$\phi9.8$、$\phi12$、$\phi18$		把	各 1
14	铰刀	$\phi10$		把	1
15	丝攻	M20X2	6h	把	1
16	螺纹塞规	M20X2	6g	个	1
17	内径百分表	10-18、18-35	0.01	套	2
18	机用虎钳	QH160		个	1
19	呆扳手			把	

3) 刀具与参考切削用量表(表9-40)

表9-40　刀具与参考切削用量表

刀具号	刀具规格	工序内容	$f/$(mm/min)	a_p/mm	$n/$(r/min)
T01	ϕ20 的三刃超硬高速钢立铣刀	粗、精铣削高为 5mm 的圆凸台和底面	150/200	4.8/0.2	600/800
T02	A4 中心钻	打ϕ10 的 3 个孔和 M20 的 4 个孔	50	3～5	3000
T03	直径ϕ6 的麻花钻	钻ϕ10 的 3 个孔	30	20	1000
T04	直径ϕ9.8 的麻花钻	扩ϕ10 的 3 个孔	50	20	800
T05	直径ϕ12 的麻花钻	钻 M20 的 4 个孔	50	20	800
T06	直径ϕ18 的麻花钻	钻扩 M20 的 4 个孔	50	3	800
T07	直径ϕ10 的铰刀	铰ϕ10 的 3 个孔	25	0.1	600
T08	M20X2 的丝锥	攻 M20×2 的 4 个螺纹孔	1200	1	600

5. 注意事项

(1)加工时间:240min。

(2)一定要注意安全。要戴好防护眼镜,按照要求着装,在按下"循环启动"键之前,要检查刀具和工件是否夹牢,是否已经正确对刀,程序是否正确等。

(3)毛坯装夹时,一定要考虑垫铁与加工部位是否干涉。

(4)孔加工时,要正确选择切削用量,合理使用钻孔循环指令。

6. 实训报告(表9-41)

表9-41　数控铣削技训报告单

机床号		班级		姓名	
编程点计算					
零件程序					
问题分析					
学习心得					
教师评价					

指导老师:

7. 评分标准(表 9-42)

表 9-42　考核评分表

检测项目		技术要求	配分	评分标准	实测结果	得分
深度	1	5(IT14)，Ra3.2	3/3	超差 0.01 扣 0.5 分，降级无分		
外圆	2	ϕ50(IT14)，Ra3.2	3/2	超差 0.01 扣 0.5 分，降级无分		
距离	3	20(IT14)，Ra1.6(四处)	4/3	超差 0.01 扣 0.5 分，降级无分		
孔	4	M20×2(四处)	4-4/2	超差 0.01 扣 1 分		
	5	ϕ10H7(三处)，Ra1.6	3-6/2	超差 0.01 扣 1 分，降级无分		
其他		安全操作规程	10	违反扣 1~10 分		
		编程	30			
总配分			100	总得分		
零件名称			加工时间			
加工开始时间			停工时间		实际加工时间	
加工结束时间			停工原因			
班级			学生姓名		检测教师	

8. 知识链接

1) 孔加工方法的选择

(1)对于直径大于 ϕ30mm 的已铸出或锻出的毛坯孔的孔加工，一般采用粗镗-半精镗-孔口倒角-精镗的加工方案。

(2)孔径较大的可采用立铣刀粗铣-精铣加工方案。

(3)孔中空刀槽可用锯片铣刀在孔半精镗之后、精镗之前铣削完成，也可用镗刀进行单刀镗削，但单刀镗削效率较低。

(4)对于直径小于 ϕ30mm 无底孔的孔加工，通常采用锪平端面-打中心孔-钻-扩-孔口倒角-铰的加工方案。

(5)对有同轴度要求的小孔，需采用锪平端面-打中心孔-钻-半精镗-孔口倒角-精镗(或铰)的加工方案。

2) 孔加工固定循环

数控加工中，某些加工动作循环已经典型化。例如，钻孔、镗孔的动作是孔位平面定位、快速引进、工作进给、快速退回等这样一系列典型的加工动作已经预先编好程序，存储在内存中，可用称为固定循环的一个 G 代码程序段调用，从而简化编程工作。

(1)X、Y 轴定位。

(2)定位到 R 点(定位方式取决于上次是 G00 还是 G01)。

(3)孔加工。

(4)在孔底的动作。

(5)退回到 R 点(参考点)。

(6)快速返回到初始点。

固定循环的数据表达形式可以用绝对坐标(G90)和相对坐标(G91)表示。

固定循环的程序格式包括数据形式、返回点平面、孔加工方式、孔位置数据、孔加工数据和循环次数。数据形式（G90 或 G91）在程序开始时就已指定，因此，在固定循环程序格式中可不注出。固定循环的程序格式如下：

$$\left.\begin{array}{c} G98 \\ G99 \end{array}\right\} G\_X\_Y\_Z\_R\_Q\_P\_F\_K\_$$

说明：

（1）G98 为返回初始平面，为默认方式。

（2）G99 为返回 R 点平面。

（3）G 为固定循环代码 G73、G74、G76 和 G81～G89 之一。

（4）X、Y 为孔位坐标（G90）或加工起点到孔位的距离（G91）。

（5）R 为 R 点的坐标（G90）或初始点到 R 点的距离（G91）。

（6）Q 为每次的进给深度（G73/G83）或刀具在轴反向的位移量（G76/G87）。

（7）P 为刀具在孔底的暂停时间。

（8）F 为切削进给速度。

（9）K 为固定切削循环的次数。

（10）固定循环代码 G73、G74、G76 和 G81～G89、X、Y、Z、R、P、F、Q、K 都是模态指令。G80、G01、G02、G03 等代码可以取消固定循环。

3）G81 钻孔循环（中心钻）

（1）格式：

$$\left.\begin{array}{c} G98 \\ G99 \end{array}\right\} G81X\_Y\_Z\_R\_F\_K\_$$

（2）说明：

① X___Y___为孔的位置，可以放在 G81 指令后面，也可以放在 G81 指令的前面。

② Z 为孔底位置。

③ F 为进给速度（mm/min）。

④ R 为参考平面位置高度。

⑤ K 为重复次数，仅在需要重复时才指定，K 的数据不能保存，没有指定 K 时，可认为 K=1。

G81 在到达孔底位置后，主轴以 G00 的速度退出。

（3）注意：如果 Z 的移动量为零，该指令不执行。

4）镗孔、铰孔循环指令 G85

（1）格式：

$$\left.\begin{array}{c} G98 \\ G99 \end{array}\right\} G85X\_Y\_Z\_R\_F\_K\_$$

（2）说明：

① X___Y___为孔的位置，可以放在 G85 指令后面，也可以放在 G85 指令的前面。

② Z 为镗孔、铰孔的 Z 向终点坐标。

③ F 为进给速度（mm/min）。

④ R 为参考平面位置高度。

⑤ K 为循环次数。

该指令同样有 G98 和 G99 两种方式。

与 G81 的区别是：G85 在到达孔底位置后，主轴以 F 的速度退出。

用于光洁度与精度较高的孔(无刀痕)。

5) 右旋攻螺纹循环指令 G84

(1)格式：

$$\left.\begin{matrix}G98\\G99\end{matrix}\right\}\ G84X\_\_Y\_Z\_R\_F\_K\_$$

(2)说明：

① X___Y___为孔的位置，可以放在 G84 指令后面，也可以放在 G84 指令的前面。

② Z 为攻丝 Z 向终点坐标。

③ F 为攻丝进给速度(G94 时单位为 mm/min)，(攻丝时速度倍率，进给保持等均不起作用)。

④ R 为参考平面位置高度，应选距工件表面 7～8mm 的地方。

⑤ K 为循环次数。

用于普通螺纹的攻丝，主轴正转，孔底暂停后主轴反转，然后以 F 的速度退回。

(3)注意：攻螺纹过程要求主轴转速与进给速度呈严格的比例关系，否则就会乱扣，因此要求编程时根据主轴转速计算进给速度

$$F \quad = \quad S \quad \times \quad P$$
(进给速度) (主轴转速) (螺距)
mm/min　　　r/min　　　mm

攻螺纹时，螺纹的底孔直径应稍大于螺纹小径，以防止攻螺纹时医挤巨扭转作用而损坏丝锥。底孔直径通常根据经验公式来确定。

加工塑性金属时：$\qquad\qquad D_{底} = D - P$

加工脆性金属时：$\qquad\qquad D_{底} = D - 1.05P$

式中，$D_{底}$ 为攻螺纹时钻螺纹的底孔直径(不等同于钻头直径)，单位为 mm；D 为螺纹公称直径，单位为 mm；P 为螺纹螺距，单位为 mm。

攻盲孔螺纹时，由于丝锥的头部有锥度，其牙型不完整，所以也攻不出完整的螺纹，因此钻孔深度要大于螺纹的有效深度。

$$H = h + 0.7D$$

式中，H 为钻的底孔深度；h 为螺纹的有效(标称长度)深度；D 为螺纹的公称直径。

在数控机床上攻螺纹时，应选择合适的螺纹导入长度和导出长度，一般导入长度取 2～3 倍的螺距；导出长度取 1～2 倍的螺距，对于大螺距和高精度的螺纹要取大直，加工通孔螺纹时，其导出量还要考虑丝锥端部锥角的影响。

9.2.5　非圆曲线轮廓(椭圆)的加工

1. 非圆曲线轮廓(椭圆)的加工零件图(图 9-32)

2. 非圆曲线轮廓(椭圆)加工零件毛坯图(图 9-33)

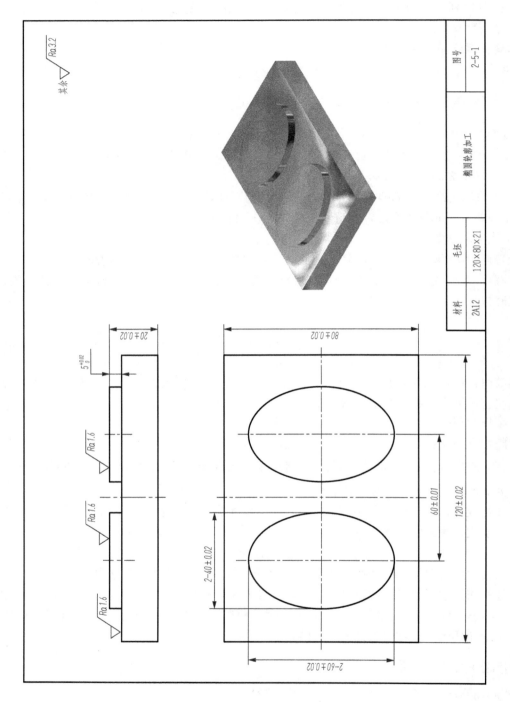

图 9-32　非圆曲线轮廓（椭圆）加工零件图

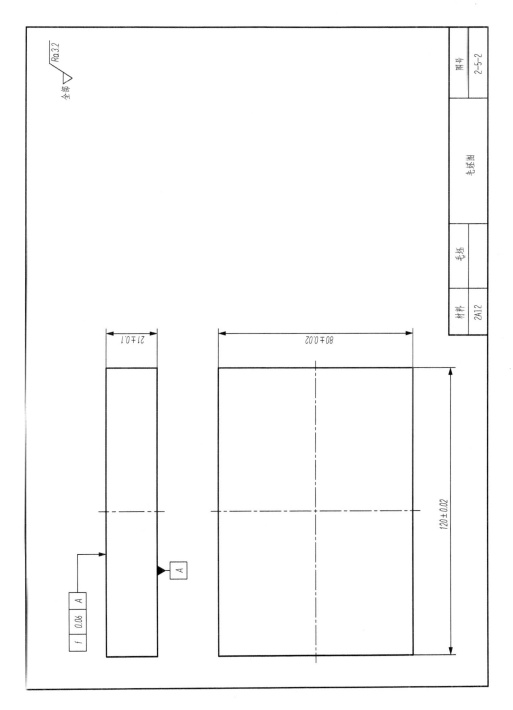

图 9-33 非圆曲线轮廓(椭圆)加工零件毛坯图

3．实训目标

(1)掌握数控宏程序编制的基本常识，并会编制简单的数控宏程序。

(2)掌握对称编程指令 G51.1、G50.1(华中：G24、G25)的使用方法并会编制程序。

(3)掌握旋转指令的实际应用，并能区分旋转指令与镜像指令的加工区别。

4．工艺分析

1)加工方案

(1)装夹：采用机用虎钳装夹的方法，底部用标准垫块垫起，露出钳口 8mm，并用百分表打表找正。

(2)用 $\phi125$ 的切铝专用面铣刀，铣削上表面，保证 20 ± 0.02 的总厚。

在铣削 120×80 的平面时，要经过粗、半精、精铣坯料上表面，粗铣余量根据毛坯情况确定，留半精铣余量 0.5mm、精铣余量 0.2mm，以保证两个椭圆凸台上表面的 $Ra1.6$ 及更好地保证 5 mm 的深度。

(3)用 $\phi18$ 的切铝专用三刃平底立铣刀，铣削高为 5mm 的两个椭圆凸台并去余量，留轮廓精加工余量 0.2mm。

(4)精加工椭圆轮廓与底面。

注意：为了真正保证 5mm 的两个凸台的高度精度，在高度方向要经过粗、半精(余量 0.3)、精加工(余量 0.1mm)，以保证高度精度与表面粗糙度 $Ra1.6$。

可以将右边的轮廓编为宏程序作为子程序，利用镜像功能来加工左边轮廓。

2)工、量、刃具清单(表 9-43)

表 9-43　工、量、刃具清单

序号	名称	规格	精度	单位	数量
1	游标卡尺	0-150	0.02	把	1
2	深度千分尺	0-25	0.01	把	1
3	杠杆百分表及表座	0-10	0.01	套	1
4	粗糙度样板	N0-N1	12 级	副	1
5	平行垫铁			副	若干
6	塑胶榔头			个	1
7	防护眼镜			副	1
8	方肩切铝专用面铣刀	$\phi125$		把	1
9	切铝专用三刃平底立铣刀	$\phi18$		把	1
10	寻边器	机械		支	1
11	Z 轴设定器	50	0.01	个	1
12	机用虎钳	QH160		个	1
13	呆扳手			把	

3)刀具与参考切削用量表(表 9-44)

表 9-44　刀具与参考切削用量表

刀具号	刀具规格	工序内容	f/(mm/min)	a_p/mm	n/(r/min)
T01	直径ϕ125 的方肩切铝专用面铣刀	粗/半精/精铣上表面	80/100/100	0.5/C.2	400/600 /800
T02	直径ϕ18 的切铝专用三刃平底立铣刀	粗/精铣椭圆轮廓,粗/半精/精铣表面	200/150,200/200/200	18/0.2,4.6/0.3/0.1	1000/1500,1000/1500/1500

5. 注意事项

(1)加工时间:180min。

(2)一定要注意安全。要戴好防护眼镜,按照要求着装,在按下循环启动键之前,要检查刀具和工件是否夹牢,是否已经正确对刀,程序是否正确等。

(3)加工时一定要注意采取合理工艺与切削参数,保证 Ra1.6 与深度 5mm 的精度。

(4)编写椭圆宏程序时,步距要合理,不要过大,否则难以保证表面粗糙度。

6. 实训报告(表 9-45)

表 9-45　数控铣削技训报告单

机床号		班级		姓名	
编程点计算					
零件程序					
问题分析					
学习心得					
教师评价					
			指导老师:		

7. 评分标准（表 9-46）

表 9-46　考核评分表

检测项目		技术要求	配分	评分标准	实测结果	得分
高度	1	20 ± 0.02，$Ra1.6$	4/6	超差 0.01 扣 1 分，降级无分		
深度	2	$5_{0}^{+0.02}$，$Ra1.6$	8/6	超差 0.01 扣 1 分，降级无分		
椭圆	3	40 ± 0.02，$Ra3.2$（两处）	2-5/4	超差 0.01 扣 1 分，降级无分		
	4	60 ± 0.02，$Ra3.2$（四处）	2-5/4	超差 0.01 扣 1 分，降级无分		
其他		安全操作规程	10	违反扣 1-10 分		
		编程	30			
总配分			100	总得分		
零件名称			加工时间			
加工开始时间			停工时间		实际加工时间	
加工结束时间			停工原因			
班级			学生姓名		检测教师	

8. 知识链接

1) 宏程序

随着我国现代制造技术的发展、数控机床应用的普及，从事数控加工的人员不断增加，数控加工越来越受到人们的重视。数控程序编制的效率和质量在很大程度上决定了产品的加工精度和生产效率，它既是数控技术的重要组成部分，也是数控加工的关键技术之一。在我国，有相当多数控铣床（包括加工中心）应用在模具行业，大部分模具厂都应用 CAD/CAM 软件，手工编程、宏程序应用的空间日趋缩小，究其原因就是大家对手工编程不重视，对宏程序不熟悉。其实手工编程是自动编程的基础，宏程序是手工编程的高级形式，是手工编程的精髓，也是手工编程的最大亮点和最后堡垒。同时编制简洁合理的数控宏程序，有着非常重大的现实意义，既能锻炼从业人员的编程能力，又能解决自动编程在生产实际工作中存在的不足。

宏程序（macroprogram）是以变量的组合，通过各种算术和逻辑运算、转移和循环等命令，编制的一种可以灵活运用的程序。只要改变变量的值，即可以完成不同的加工和操作。宏程序可以简化程序的编制，提高工作效率。宏程序可以像子程序一样用一个简单的指令调用。

宏程序包括 A 类宏程序和 B 类宏程序两种。

2) 椭圆的相关常识

椭圆的解析方程：

$$\frac{X^2}{a^2}+\frac{Y^2}{b^2}=1$$

式中，a 为长半轴；b 为短半轴。

椭圆的参数方程：

$$x = a\cos t, \quad y = b\sin t$$

式中，t 为极角。

如加工一椭圆，如图 9-34 所示，程序如下：

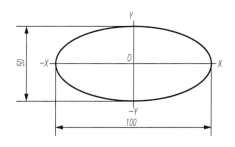

图 9-34 椭圆编程举例

```
O0001
N10 G54 G17 G90 S1200 M03;   确定坐标系
N20 G01 G41 X50 D01 F100;    图 1 中 OX 距离
N30 #1=0;                    将角度设为自变量,赋初值为 0
N40 X[50*COS[#1]] Y[25*SIN[#1]] F200; XY 轴联动的步距
N50 #1=#1+1;                 自变量每次自加 1 度
N60 IF[#1LT360] GOTO 40;     如果变量自加后不足 360 度,则转到第 40 段
                             执行,否则执行下一段;(40 前不用加行号 N)
N70 G00 G40 X0;              撤销刀补,回到起点
N80 G00 Z100                 提刀
N90 M30;                     程序结束
```

3)镜像指令 G51.1、G50.1

当工件(或某部分)具有相对于某一轴对称的形状时,可以利用镜像功能和子程序的方法简化编程。

镜像指令能将数控加工刀具轨迹沿某坐标轴作镜像变换而形成对称零件的刀具轨迹。

对称轴可以是 X 轴、Y 轴或 XY 轴。

(1)格式:

  G51.1 X___Y___Z___   建立镜像

被镜像的程序段或 M98 P(调用子程序):

  G50.1 X___Y___Z___   取消镜像

(2)说明:

① 建立镜像由指令坐标轴后的坐标值指定镜像位置(对称轴、线、点)。

② G51.1、G50.1 为模态指令,可相互注销,G50.1 为默认值。

③ 有刀补时,先镜像,然后进行刀具长度补偿、半径补偿。

(3)注意:例如,当采用绝对编程方式时 G51.1 X-9.0 表示图形将以 X=-9.0 的直线(//Y 轴的线)作为对称轴。G51.1 X6.0 Y4.0 表示先以 X=6.0 对称,然后以 Y=4.0 对称,两者综合结果即相当于以点(6.0,4.0)为对称中心的原点对称图形。

G50.1 X0 表示取消前面由 G51.1 X___产生的关于 Y 轴方向的对称。

参 考 文 献

高枫，肖卫宁，2005．数控车削编程与操作训练．北京：高等教育出版社

华茂发，2000．数控机床加工工艺．北京：机械工业出版社

孙伟伟，2005．数控车工实习与考级．北京：高等教育出版社

中国机械工业教育协会，2001．数控技术．北京：机械工业出版社